AF462764

SUITE DES LETTRES A UN AMÉRIQUAIN,

Sur les IVe. & V^{e}. volumes

DE L'HISTOIRE NATURELLE de M. DE BUFFON;

ET SUR

LE TRAITÉ DES ANIMAUX de M. l'Abbé DE CONDILLAC.

Sixiéme Partie.

A HAMBOURG.

M. DCC. LVI.

AVERTISSMENT.

LE cinquiéme volume de l'Histoire Naturelle, Générale & particuliére de M. de Buffon, est déjà débité, & je n'ai pas encore fait part au public de mes observations sur le quatriéme ; n'ai-je pas donné lieu de penser que je l'avois trouvé irrépréhensible, & que j'étois persuadé qu'après les éclaircissemens que l'auteur avoit donné à la Sorbonne, sa métaphisique s'étoit enfin épurée, & ne fourmilloit plus de tant de paradoxes éblouissans aussi funestes aux premiers élémens de toutes les sciences que l'est une mine pratiquée par un ennemi habile aux fortifications les plus solides. J'ai lieu de craindre que mon silence n'ait autorisé une pareille interprêtation. Plusieurs discours qui me sont revenus de divers endroits, m'ont fait assez entendre que ma crainte étoit fondée ; cependant toutes ces conjectures sont bien éloignées des véritables raisons qui m'ont empêché de publier plûtôt la suite de mes lettres à un Américain. Elle auroit dû paroître huit ou dix mois après l'impression du quatriéme volume de M. de Buffon. Je l'avois envoyée d'Italie, où j'étois, dès le mois de Février 1754. mais le paquet fut intercepté, & je n'ose approfondir, ni comment, ni par quels motifs on m'a rendu ce mauvais office ; je ne m'en suis assuré qu'à mon retour en France, où les affaires qu'accumule nécessairement une absence de deux années, ont exigé mes premiers soins & m'ont pris un tems considérable. J'avois brûlé tous mes papiers comme un poids inutile dans le voyage. Je n'ai donc pû réprendre & composer de nouveau qu'un peu tard, l'ouvrage que j'avois perdu. J'ose esperer qu'il paroîtra d'autant plus digne d'attention, qu'il aura été fait avec plus de soin & moins de précipitation.

Mais est-il encore nécessaire de

faire paroître mes lettres, après l'ouvrage que le célébre Abbé de Condillac vient de donner, qui a mérité l'applaudissement du Public, où il attaque avec tant de force M. de Buffon? Je ne devrois pas regrêter qu'un Auteur plus habile que moi, m'eût prévenu dans le service que je voulois rendre à ma patrie, & dans le vrai, peu m'importe par qui le bien se fasse, pourvu qu'il se fasse, ayant tout lieu de présumer que tout autre Ecrivain réussiroit mieux que moi; il me semble que je ne serois pas mortifié de retenir dans l'obscurité de mon cabinet, un ouvrage que j'aurois le mieux travaillé; comment pensai-je donc à publier la suite des Lettres Américaines, en voici les raisons qui ne paroîtront point hazardées?

Le but de M. l'Abbé de Condillac, n'étoit pas précisément de réfuter la doctrine de M. de Buffon; il a entrepris, surtout dans la premiere partie de son Traité des Animaux, de prouver que l'idée du Traité des Sensations, qu'il donna l'année passée, n'est point prise de la Métaphisique de M. de Buffon. Il s'éforce de montrer en combien de manieres son systême, sur les sens, est différent de celui de M. de Buffon. A cette occasion il parcourt légerement plusieurs contradictions, plusieurs faux raisonnemens de son prétendu modéle, je dis légérement, parce qu'effectivement il n'a fait qu'éfleurer sa critique, & il a dû s'en tenir là ; j'ajoûterois même négligemment, s'il se fût proposé de réfuter sérieusement cet Académicien, car il omet de relever beaucoup de paradoxes, sur lesquels un Philosophe qui voit & qui remarque tout, ne sçauroit être indifférent.

Le dernier ouvrage de M. l'Abbé de Condillac, ne remplit donc pas les vœux de ceux qui s'intéressent à la défense & au rétablissement de la saine Philosophie, il les met seulement sur les voies de desirer que la doctrine du quatriéme volume de M. de Buffon, soit discutée & approfondie, & à cet égard je dois mille remercimens à l'Auteur, & je les lui fais très-sincérement, de ce qu'il a bien voulu réveiller la curiosité sur un examen si important, & réchauffer l'intérêt du Public, que mes délais, tout nécessaires qu'ils étoient, avoient probablement refroidi. En général, il est certain que le peu qu'il reléve, comme en courant, des paradoxes de son adversaire, est très-solidement & très-justement critiqué, & qu'il fait très-bien sentir le faux de quelques raisonnemens que j'avois crû devoir épargner ou qui m'avoient échappé.

Ce n'est pas assez de montrer des erreurs, il faut encore leur opposer les vérités qu'elles combattent, il ne suffit pas de vaincre son adversaire pour prouver qu'on à plus de raison que lui; malheureusement le systême sur les Animaux que M. l'Abbé de Condillac nous expose, n'est ni plus solide ni plus lumineux que celui dont il reléve si bien les contradictions & les défauts. Il est lié au Traité des Sensations, où si M. de Buffon n'a pas dû reconnoître ses principes, du moins n'a-t'il pû méconnoître sa façon de philosopher. J'ai déja montré ce qu'on doit penser de ce Traité des Sensations, dans un ouvrage qui paroîtra inceſſament, & qui donnera un nouveau jour aux Elémens Métaphiſiques tirés de l'expérience. Il eſt de la derniere importance, à tous égards, de diſcuter ce livre profond, où l'Auteur, dont la pénétration eſt ſupérieure, a pouſſé l'analyſe de nos ſens, bien au-delà de ſes juſtes termes. Il s'y écarte le plus qu'il eſt poſſible du matérialiſme, ce qui prouve la droiture de ſes vûes & ſon zéle contre l'impiété ; mais il ne ſent pas aſſez que les deux extrêmités ſont également vicieuſes, & qu'il eſt peut être plus dangéreux pour ceux qui s'obſtinent à méconnoître la nature de leur ame, de les pouſſer dans le ſpiritualiſme univerſel, que de leur laiſſer le dogme ſtupide du matérialiſme : au reſte cet Auteur paroît aimer très-ſincérement la vérité, s'il eſt paſſionné pour Locke, c'eſt parce qu'il croit rendre un ſervice important à la Religion, en lui conſervant la Philoſophie de cet Anglois, en l'expliquant de maniere que les Matérialiſtes n'en puiſſent abuſer : d'ailleurs il n'eſt point jaloux de ſes opinions, il a déja fait ſes preuves de ce côté-là, j'espere qu'il regardera comme un bon office, le soin que je prends de le détromper, il sçait que je ne lui donnerai rien du mien, en lui montrant la vérité, j'estime son génie, ses travaux & ses bonnes intentions, & c'est parce que je l'estime, que je dis avec franchise ce que je pense des opinions de l'Auteur, comme je recevrois avec docilité & avec reconnoissance, les avis qu'il voudroit bien me donner sur les miennes.

La liaison intime du Traité des Sensations avec celui des Animaux, n'est pas l'unique défaut que je reproche à l'Abbé de Condillac. Dans le premier Traité, l'Auteur avoit trop poussé l'analyse de nos sens, dans le second il ne porte pas assez loin celle de la question de l'ame des bêtes ou du principe qui les fait agir. Il n'examine que trois opinions, celle de Descartes, celle des Scholastiques & le Préjugé Commun; par lequel tout homme qui ne philosophe pas, accorde des Sensations & quelques connoissances aux Animaux. Il suprime le dénouement proposé par le Cardinal de Polignac, dans l'excellent Poëme de l'Anti-Lucrece, que j'avois imaginé & approfondi long-tems avant l'impreſſion de l'ouvrage de l'illuſtre Cardinal ; c'eſt le ſeul, à mon avis, qui mérite de balancer l'opinion vulgaire, l'Auteur ſoutient cette opinion, mais au lieu de s'envelopper dans l'obſcurité du préjugé, poſte où je ne m'aviſerois pas de l'inquiéter, il veut éclaircir ce préjugé en Philoſophe & le rend méconnoiſſable & peut-être odieux à ceux qui s'y attachent le plus opiniâtrement : car après avoir plûtôt ſuppoſé que démontré l'exiſtence d'une ame ſenſible & intelligente dans les Animaux, il nous oblige de croire qu'elles ſont eſſentiellement différentes des nôtres, ſans en apporter la moindre preuve & qu'elles ſont anéanties lorſque les corps auſquels il les prétend unies ſont détruits. On verra la diſcuſſion de cette opinion dans les lettres que je donne aujourd'hui, & qui étoient achevées avant que j'euſſe entendu parler de ce Traité des Animaux ; mais comme l'Abbé de Condillac développe ſon ſentiment d'une maniere qui lui eſt propre & que je n'avois pû prévoir, j'en rends compte à mon ami dans quelques lettres que je joins à celles que je lui avois déja écrites & qui étoient prêtes à mettre ſous la preſſe, avant que le Livre de l'Abbé de Condillac me fût tombé entre les mains.

J'ai quelque confiance que cette ſuite des lettres à un Américain, ſera reçue favorablement du Public, non-ſeulement parce qu'elle remplit l'objet ébauché ſimplement par l Abbé de Condillac, mais encore parce qu'on y trouvera des recherches & des détails qui y jettent de l'intérêt. L'ouvrage même de cet Abbé l'a rendue néceſſaire, puiſqu'on y trouve la réfutation de ſon opinion ſinguliere, qui certainement n'eſt ni plus appuyée ni moins redoutable dans les conſéquences que celles de M. de Buffon; & cette réfutation eſt rendue complette par les lettres ou j'attaque expreſſément tous les raiſonnemens de l'Abbé de Condillac. Peut-être remarquera-t'on que je ſuis en cela l'apologiſte de M. de Buffon, que je le défens de la ſeule maniere dont il le pourroit faire vis-à-vis de l'Abbé de Condillac, c'eſt-à-dire, en recriminant. Quand on aime la vérité, on aime ceux qui ne s'en éloignent que par mépriſe, qui ne l'ababandonnent pour courir après des phantômes, que parce qu'ils croyent y reconnoître les traits & la reſſemblance de la vérité, & que ces rapports, quoique faux, les intéreſſent dans l'erreur même qui les ſéduit. Ils ſont à plaindre, la compaſſion qu'ils excitent les rends plus chers, ce ſont mes véritables diſpoſitions à l'égard de M. de Buffon, & de tous ceux que je ſuis obligé de réfuter, toujours diſpoſé à les défendre avec le même zèle contre tous ceux qui les attaqueroient mal à propos.

J'ai un mot à dire au ſujet de la cinquiéme partie de mes lettres à un Américain, de celle ou je réfute un Livre de M. Néedham, il m'a paru qu'elle avoit fait aſſez peu d'impreſſion, qu'on y avoit été plus qu'indifférent, on ne m'en a donné d'autre raiſon que l'obſcurité de la douziéme lettre & l'application qu'elle exige.

J'avoue qu'elle demande de l'étude ; qu'il y a de l'obſcurité ; mais l'étude qu'elle exige eſt-elle importante, & l'obſcurité dont on ſe plaint eſt-elle à moi ? Ne fait-elle pas le caractere du Livre que je réfutois ? N'en avois-je pas averti ? Mon objet n'étoit-il pas de prouver que la doctrine de cet Anglois étoit inintelligible, & n'ai-je pas réuſſi ?

Quant à l'importance de cette diſcuſſion profonde, on la doit ſentir mieux que jamais. Dans combien d'ouvrages voit-on diverſifié de tant de manieres le fond de la doctrine de l'Evêque Anglican, M. Berkley dont M. Néed'ham a prétendu prendre le bon & écarter le mauvais ; on ſemble ſe réunir de toutes parts pour établir des principes qui tendent à rendre douteuſe la certitude de l'exiſtence des corps, à détruire toutes les notions communes, à ſapper les fondemens de tout raiſonnement, enfin à ſubſtituer au Matérialiſme le ſpiritualiſme univerſel.

Je n'ai certainement pas le moindre doute ſur la pureté des intentions de l'Abbé Néedham & de ceux qui philosophent à peu près dans le même goût ; en acréditant le doute de l'existence des corps, ils croyent terrasser les Matérialistes, & ce fut probablement le dessein de l'Evêque de Sloane, en opposant l'impossibilité où nous sommes de douter de notre propre existence, à la possibilité de douter de l'existence de toute portion de matiere, ils ont crû établir une démonstration contre les prétentions de ceux qui matérialisent leur ame : j'avoue que moi même, j'ai été tenté durant plusieurs années, de faire valoir le même raisonnement, & que j'ai eu beaucoup de peine à me désabuser ; mais le principe d'où ils sont partis, que rien de ce qui est au dehors ne ressemble à nos sentations, c'est-à-dire, aux trois dimensions que ces mêmes sensations nous présentent comme leur objet, m'a déssillé les yeux ; cependant ceux qui tâchent d'établir cette espéce de spiritualisme sont flattés, au lieu qu'ils ne devroient être que surpris des applaudissemens que leur donnent les Matérialistes, peut-être même s'imaginent-ils les avoir convaincus de la fausseté de leurs principes ; un petit discours d'un des plus redoutables Matérialistes que j'aie connu, diminuera leur triomphe & justifiera, comme je l'espére, les soins que je me donne pour réfuter les principes qui ménent au doute de l'existence des corps.

» Que tout soit matiére, ou que tout » soit esprit, me disoit-il, cela m'est » égal, il sera toujours démontré que » je vois dans mon ame les trois di- » mentions. Si tout est matiére, je » les verrai en moi & ailleurs, s'il n'e- » xiste aucun corps, je ne les verrai » que dans mon ame, elles seront les » maniéres de se sentir exister, & puis, » ajoutoit-il avec un souris amer, » en admettant le spiritualisme univer- » sel ; je suis tout ce que je vois, tout » ce que je touche, &c. Je suis Jupiter, » * cette idée me plaît, parce qu'elle » étend mon ame & qu'elle l'annoblit.

Je laisse ce raisonnement à méditer à ceux qui s'obstinent à rendre dou-

* Jupiter, *est quodcumque tueris*. Lucrece.

teuſe l'exiſtence des corps, & à ceux qui me reprochent d'abandonner les intérêts de la Religion, pour me livrer à des diſputes pûrement Philoſophiques.

SUITE

SUITE DES LETTRES A UN AMÉRICAIN.

SIXIÉME PARTIE.

XIIIe. LETTRE.

MONSIEUR,

DEPUIS que le quatriéme volume de l'Hiſtoire Naturelle, Univerſelle & Particuliere de M. de Buffon a paru, cette nouvelle production auroit pu, j'en conviens, franchir deux ou trois fois l'intervalle qui sépare votre continent du nôtre. Pourquoi, me direz-vous donc, malgré les engagemens si solemnels que vous aviez contractés, & envers moi & envers le Public, de suivre constamment M. de Buffon dans ses songes métaphisiques, différez-vous toujours à me faire part des réflexions que son nouveau volume vous aura sans doute fait naître? Dans l'éloignement où vous saviez que j'étois, Monsieur, cette suite de l'Histoire Naturelle, malgré l'attention de mes amis, n'a pu parvenir jusqu'à moi aussi promptement que je l'eusse souhaité; & ces réflexions que vous devez attendre avec tant d'impatience, elles ſont venues en foule dès que j'ai été en état de les faire : mais il falloit y mettre un ordre convenable ; & vous vous repréſentez aſſez les diſtractions & les embarras inévitables d'un voyage tel que celui que j'avois entrepris, & ſur-tout les diſſipations d'un long retour, peu compatibles avec des études auſſi philoſophiques que celles dont vous me demandez compte. Maintenant que je ſuis rendu à ma Patrie, & au loiſir après lequel je ſoupirois depuis longtems, je me hâte de remplir mes promeſſes, & je continue d'examiner avec vous les nouvelles faces ſous leſquelles M. de Buffon nous fait enviſager ſa Logique, ſa Phiſique & ſa Métaphiſique : mais avant d'entrer dans cet examen, vous trouverez bon que je ſatisfaſſe à quelques objections & à quelques plaintes que mes Lettres précédentes ont occaſionnées : je dois cette déférence à l'acceuil que le Public a bien voulu leur faire ; & c'eſt en diſſipant, avec impartialité, tous les nuages qu'on s'eſt efforcé de répandre ſur ces Lettres, que je puis mieux lui témoigner ma reconnoiſſance : ce ſera le ſujet de cette Lettre.

Une réponſe générale à toutes ces clameurs, eſt que les partiſans de M. de Buffon ont paru plus délicats & plus touchés que lui-même : il n'a point été bleſſé des contradictions que j'ai relevées dans ſes différens ſyſtêmes, du défaut de Logique que je lui ai reproché tant de fois, des écarts où je l'ai surpris dans un très-grand nombre de points de Phisique, de Métaphisique & de Mathématique : tout autre Philosophe moins tranquille ne m'auroit pas pardonné d'avoir eu raison vis-à-vis de lui : il passe condamnation sur tous ces points, ou au moins son silence obstiné annonce qu'il n'en est point offensé. Il n'a paru sensible que sur l'article de sa Religion, qu'il prétend avec ses amis que j'ai rendue suspecte : or, il m'a fermé la bouche sur ce point, par sa déférence aux avis de la Sorbonne, qui pensoit que son Livre renferme » des principes » & des maximes qui ne sont

» pas conformes à ceux de la » Religion (*a*) «. La déclaration qu'il a mise au commencement de son quatriéme volume, détruiroit mes soupçons contre sa foi, si j'en avois jamais conçû, comme elle dissipe ceux ausquels la Sorbonne avoit cru devoir se prêter. Je le félicite sincérement d'une démarche si glorieuse à la Religion & à lui-même.

Combien de traits de malignité les amis de M. de Buffon n'ont-ils pas cru entrevoir dans mes Lettres ! Est-ce sérieusement, disoient-ils, que l'Auteur y proteste tant de fois qu'il est persuadé du respect de M. de Buffon pour la Religion, tandis qu'il s'efforce de

(*a*) Lettre des Députés & Syndic de la Sorbonne, du 15. Janvier 1751.

prouver que le ſyſtême de l'Hiſtorien général & particulier de la nature, eſt incompatible avec la révélation? Oui, j'ai démontré cette incompatibilité; la Sorbonne l'a vûë, & M. de Buffon en convient, puiſqu'il lui abandonne ſon ſyſtême de la formation du monde. Mais ai-je tenté de prouver, qu'ayant apperçû cette contradiction, il bravoit de gaïté de cœur l'autorité de Moïſe? Voilà ce qu'il auroit fallu conſtater pour donner atteinte à ſa Religion. Les piéces de ſon ſyſtême, bien-loin de s'aider & de ſe ſoutenir, s'entredétruiſent: j'ai mis ce fait ſous les yeux, mais il n'a pas vû l'oppoſition réciproque des divers membres de ſon hypothèſe; j'en ai conclu qu'il n'avoit pas mieux ſenti la contrariété qui eſt entre cette même hypothéſe & la narration de Moïſe. L'erreur n'eſt un crime que lorſque celui qui en eſt prévenu y joint la révolte contre l'autorité de l'Egliſe. L'irreligion n'eſt pas un vice de l'eſprit, c'eſt un vice du cœur.

C'eſt donc très-ſérieuſement que j'ai cherché à écarter tout ſoupçon d'irreligion, en attaquant les opinions philoſophiques de M. de Buffon; on le voit bien dans le défi que je fais quelque part aux matérialiſtes de répondre aux argumens maniés avec force par cet Auteur, pour prouver la diſtinction de l'âme & du corps. Pourquoi donc, reprennent les amis de M. de Bufſon, tout le Public indiſtinctement, amis & ennemis, a-t-il pris pour des ironies vos proteſtations à cet égard? Je n'en ſai rien, & je répons ſimplement que ce n'eſt pas ma faute, puiſque je n'ai pu prévoir cette diſpoſition générale des eſprits. Je ne connoiſſois M. de Buffon que par ſon Hiſtoire Naturelle, & par les tentatives qu'il a faites pour nous donner quelque idée du fameux miroir ardent d'Archiméde. Quoi qu'il en ſoit, je prie M. de Buffon d'être très-perſuadé que les mauvaiſes impreſſions qu'on a pu prendre contre ſa Religion en liſant mes Lettres, ſont abſolument contre mon intention; mais heureuſement la bonne foi avec laquelle il a déféré aux inquiétudes de la Sorbonne, & celle avec laquelle j'en ai agi à son égard, nous met désormais à couvert, lui du soupçon d'indisposition contre la révélation, moi de celui de jetter des nuages sur sa foi. Je dois donc être maintenant bien tranquille, quand je pense qu'on n'aura plus le moindre prétexte de me prêter d'autre vûe que celle de défendre les droits de la raison, lorsque je continuerai mes attaques contre la nouvelle Philosophie.

On ne peut douter, poursuivoient les amis de M. de Buffon, que l'Auteur des Lettres à l'Américain, n'ait été blessé du crédit de M. de Buffon dans le monde philosophe. J'avoue que je n'ai rien négligé pour le faire tomber, parce que ſa façon de rajeunir des opinions anciennes très-décriées; ſon ſtyle aiſé, hardi, harmonieux; ſon ton abſolu & déciſif, forment une eſpéce de preſtige qui éblouit les lecteurs, les diſtrait ſur le fond des choſes, & ne les occupe que du talent de l'Ecrivain, parce que la maniere de philoſopher qui lui eſt propre, met une confuſion dans le raiſonnement qui tend à la ſubverſion totale des ſciences, & nous prépare une nouvelle génération de Rhéteurs ſophiſtes.

Combien M. de Buffon, lui-même, montre-t-il d'adreſſe, quand il entreprend de déprimer tant de célébres Auteurs étrangers & François, Wodward, Burnet, Linœus, Descartes, Malbranche, &c. & plusieurs de ses illustres confreres qu'il ne nomme point? Pourquoi en parle-t-il d'un air si dédaigneux, & en même tems si peu décent? Seroit-ce qu'il croit ne pouvoir prendre place au Temple de la Gloire, s'il faut y être avec quelqu'un? Il est trop modeste : mais il s'imagine ne pouvoir faire prévaloir ses sentimens, qu'il n'ait porté auparavant quelque atteinte à la réputation des Philosophes les plus distingués. Il est nécessaire qu'il éteigne toute autre lumiere, & qu'il réduise l'école de l'Univers à lui-même & à quelques-uns de ses échos, afin que tous les hommes ne pensent que d'après lui, parce qu'il pense mieux qu'on n'a jamais pensé, qu'on ne pense & qu'on ne pensera. Ainsi c'est le bonheur des hommes, auquel il rapporte tous ses soins, quand il veut détruire toute doctrine philosophique, pour y substituer la sienne.

Je prens à cœur autant que lui, j'ose le dire, les intérêts du genre humain, & ceux de ma Patrie. Je fais tous mes efforts pour préserver les lecteurs de l'yvresse que cause le style enchanteur de M. de Buffon : je me propose moins de les prévenir contre ses opinions que contre sa maniere de philosopher, plus dangereuse encore que ses systêmes : je tâche de leur faire sentir que la diction, fût-elle la plus pure & la plus élégante, ne concourt pas mieux que le jargon de l'Ecole à l'avancement des Sciences; que le Péripatétisme enluminé du coloris le plus vif, est toujours ce qu'il étoit dans son obscurité la plus barbare. Enfin, je défens de tout mon pouvoir le sens commun contre le sens très-particulier de M. de Buffon; & l'ordre dans les objets des Sciences, contre le désordre simétrisé : & je crois en cela servir ma Patrie & toute l'Europe.

» Que ne montriez-vous po-
» liment les écarts de l'Auteur
» que vous vouliez réfuter? «
C'est le troisiéme reproche qu'on m'a fait faire de la part de ses amis : je l'ai tenté, mais sans

pouvoir y réuſſir. La critique peut être aſſaiſonnée de politeſſe quand elle ne roule que ſur cinq ou ſix mépriſes ; mais quand elles ſont ſans nombre , comment trouver l'art de diverſifier tous ces aſſaiſonnemens, de maniere à en fournir un nouveau pour chaque erreur : or, répéter cinq à ſix politeſſes trois ou quatre cens fois chacune, m'a paru une fadeur monotone, très-propre à rebuter le lecteur. D'ailleurs, comment dire à quelqu'un, avec politeſſe, qu'il ne raiſonne pas, qu'il ſe contredit continuellement ? Ne ſeroit-ce pas une inſulte, quelque ingénieuſement qu'elle pût être exprimée ? J'ai été obligé de faire des plaies que l'huile auroit envenimées.

M. de Buffon m'a mis d'ailleurs très à l'aiſe ; il m'a épargné tant de précautions. Peut-il me reprocher d'en uſer avec lui comme il en uſe avec des Savans, que perſonne que lui ne nomme qu'avec reſpect. Il affecte du mépris pour ces hommes illuſtres & pour leurs ouvrages ; c'eſt toute ſa maniere de les réfuter : voilà ce que j'appelle un procédé peu décent : mais s'il détruiſoit leur doctrine, s'il y faiſoit reconnoître des abſurdités, des contradictions, des paralogiſmes, de fauſſes lueurs, il ſe comporteroit très-obligeamment à l'égard du Public qu'il déſabuſeroit ; il ne pourroit bleſſer qu'une fauſſe délicateſſe dans ſes adverſaires : & je ne ſai ſi la févérité de fa cenfure pourroit paffer alors pour une impoliteffe. Ce qui eft bien certain, c'eft que les plaintes qu'on en feroit auroient tout l'air de celles de Chapelain contre les critiques un peu mordantes de Defpréaux; elles feroient tout auffi ridicules. Le Public fe divertit beaucoup des lamentations de l'Auteur de la Pucelle, fut-tout lorfque fes amis prétendirent faire un crime d'Etat à Boileau d'avoir ofé attaquer un Poëte que le feu Roi honoroit de fa protection; mais le Prince, dont le jugement étoit droit, rit des clameurs & du prétendu crime d'Etat, comme du Poëme de la Pucelle; continua fes bonnes graces à Chapelain, qui n'en étoit pas moins honnête-homme pour être mauvais Poëte , & traita Despréaux avec distinction.

Le quatriéme reproche que me fait le parti de M. de Buffon, m'est le plus sensible. On dit que je me suis prêté à la passion d'un Savant, avec lequel je me fais honneur d'être uni très-intimement. Je devinai très-aisément, dans le cours des extraits que je faisois de l'Histoire Naturelle, que certaines expressions satiriques tomboient sur ce Savant ; je n'osai cependant lui demander des éclaircissemens sur la cause de la mauvaise humeur de son confrere, & je n'ai pu m'en procurer d'ailleurs que par des voies indirectes, & quelque tems après la publication de mes premieres Lettres : mais, quoique je fusse très-disposé à prendre hautement sa défense, je ne fus point engagé par mes sentimens pour lui, vous le savez très-bien, Monsieur, à réfuter la Philosophie de M. de Buffon.

Le Soleil réduit à un fourneau de verre détrempé d'eau ; son écornement par une Comette venue de je ne sai où ; les éclaboussures résultantes du choc, distribuées en planettes ; le verre dont la nôtre est composé, refroidi en se dégageant par l'évaporation de l'eau dont il étoit miraculeusement impregné : ce meme verre devenu solide, noyé dans sa propre sueur, ou dans une mer dont la profondeur égaloit autour du globe la hauteur de nos plus énormes montagnes. Les Poiſſons, premiers habitans du monde ; le frottement de l'eau agitée par le flux & le reflux, creuſant la maſſe de verre, accumulant les débris de cette maſſe en monceaux, qui ſont nos montagnes ; l'écoulement ſurnaturel d'une quantité inconcevable d'eau pour laiſſer les montagnes & la terre à ſec ; les débris de verre dont notre terre étoit composée, devenus fertiles, & produiſant les plantes & les arbres ſans aucune ſemence préexiſtante ; l'Homme & les Animaux paroiſſant formés tout-à-coup par le concours de petits atômes plus ingénieux que M. de Buffon lui-même, & agiſſant de concert pour faire, par leur union, ces machines admirables, sans l'efficace d'un seul mot du Créateur. Les vérités mathématiques, pures fictions de l'esprit humain, &c. &c. Tous ces systêmes monstrueux, dis-je, me firent rire d'abord, puis me choquerent, m'allarmerent ensuite. Voilà tout uniment ce qui me détermina à prendre la plume pour vous les faire connoître; ce qui valoit mieux, je pense, que de vous envoyer le livre qui les contenoit.

Voilà, Monsieur, toute l'histoire de l'impression de mes Lettres: c'est donc un soupçon très-injuste que ce qu'on a hasardé, en publiant par-tout, même dans les Pays étrangers, (car je sai très-bien jusqu'où on a eu l'adreſſé de faire pénétrer ces bruits) que ce ſavant m'avoit aposté pour ſe venger, comme ſi perſonne le pouvoit faire avec plus de ſupériorité que lui, s'il en avoit eu le moindre deſir.

J'ai cependant relevé, en paſſant, le mépris que M. de Buffon affecte pour les ouvrages de ce Savant ; mais avec tant de ſobriété, que le lecteur attentif s'eſt bien apperçu que je ne parlois pas comme un homme chargé d'une apologie, mais comme le ſimple écho du Public, qui eſt toujours indigné lorſqu'on traite avec ſi peu d'égards & ſi indécemment ceux qui conſacrent toutes leurs veilles à l'inſtruire ſi utilement & ſi ſolidement.

Tous ces différens griefs, auſquels je crois avoir ſatisfait, on les ſemoit dans les compagnies, on les communiquoit aux Etrangers par des lettres : perſonne n'avoit encore pris ſur lui le ſoin de les rendre publics par la voie de l'impreſſion ; M. Deſlandes a bien voulu s'en charger dans la Préface du troiſiéme volume de ſes Obſervations Phiſiques. J'ai l'honneur d'être un peu connu de ce Phiſicien, & je ne puis comprendre ce qui l'a mis de ſi mauvaiſe humeur contre moi ; car j'aime mieux taxer de mauvaiſe humeur que de malignité, les réflèxions qu'il s'eſt permiſes ſur mon compte.

» Le meilleur ouvrage, dit-il, » que nous ayons ſur la Phiſique » depuis le commencement de

» ce siécle est, *sans doute*, l'Histoire naturelle générale & particuliere, avec la Description » du Cabinet du Roi. » Le pense-t'il réellement, M. Deslandes, lui qui certainement sçait ce que c'est que Phisique ? Je dois l'en croire puisqu'il le dit. Mais il faut supposer qu'il ignoroit la retractation que M. de Buffon a donnée à la Sorbonne, où il désavoue sa singuliere théorie de la formation de la Terre & des Planettes, l'unique chose qui ait quelque air de phisique dans l'Histoire naturelle générale & particuliere ; car je ne crois pas que M. Deslandes hazarde jamais d'appeller Phisique le sistême de la reproduction des animaux inventé par son ami.

Il continue. » Le *solide* Au-
» teur de cette histoire, méritoit
» par l'universalité de ses con-
» noissances & par l[a] [m]aniere
» ingénieuse dont il les rappro-
» che, les applaudissemens des
» Gens de Lettres » non pas des
» Phisiciens : » mais au milieu de
» ces applaudissemens non man-
» diés, ni donnés par complai-
» sance, ont paru des Lettres à
» un Américain, & imprimées
» à Hambourg. » Est-ce que ces
Lettres ont étouffé ces applaudissemens non mandiés, ni donnés par complaisance ? » Mais
» d'où viennent ces fictions ri-
» dicules ? D'où vient ce dégui-
» sement qui ne trompe person-
» ne ? D'où vient cette imposture
» dans le titre & dans les carac-

» teres? » Que penser de toutes ces questions, si M. des Landes est au fait? Mais il est trop honnête homme, pour les faire avec connoissance de cause. J'avoue qu'il ne m'est pas permis de répondre à toutes; c'est lui en dire assez pour lui prouver ma modération, & l'indiscrétion de l'interrogatoire qu'il me fait subir.

Je puis néanmoins lui donner quelques éclaircissemens. Je ne sai ce qu'il veut dire par déguisement ridicule; il s'expliquera quand il voudra. Par imposture de titre, il entend apparemment que mes Lettres n'étoient point réellement adressées à un Américain : quand ce seroit une pure fiction, pourroit-on l'appeller une imposture? Les Lettres du Chevalier d'Her**, les Lettres Persannes, la Thèse de Baumann soutenue à Erlanger, &c. Un galant homme taxera-t'il de la notte honteuse d'imposture, ces titres feints ? Pourvû que les vraisemblances soient gardées, conformément au caractere que l'Auteur se donne, ou aux personnages auxquels il s'adresse ; le Public ne lui en demande pas davantage. Un titre imposteur est celui d'un Livre dont le frontispice annonce toute autre chose, que ce qui fait le fond de l'ouvrage, comme seroit celui d'une histoire naturelle qui ne contiendroit que des systêmes bisarres, mal liés, & conséquemment fort étrangers à la nature.

M. des Landes croit-il donc

que je ne connois perſonne en Amérique, ou qu'il eſt ridicule de parler ſcience à un Américain ? Il a été à portée d'en connoître pluſieurs. Je lui en citerois beaucoup, qui répandus dans le plus grand monde à Paris, y brillent autant par l'étendue du génie & des connoiſſances, que par la nobleſſe des ſentimens. Votre nom ne lui eſt certainement pas inconnu, Monſieur ; le courage & l'eſprit ſont héréditaires dans votre famille ; ſi elle lui fût venue dans l'eſprit, il n'auroit pas douté qu'on pût lier un commerce philoſophique avec un Américain.

Quant aux caracteres d'impreſſion étrangeres, c'eſt ici que les queſtions deviennent plus ſérieuſes. Mais que le Livre ait été imprimé à Hambourg ou ailleurs, ce ſeroit à l'Imprimeur à répondre, s'il convenoit de le faire. Tout ce que je puis aſſûrer, c'eſt que dans tout cela je ne ſuis pour rien, & que l'Imprimeur a eu de très-bonnes raiſons, pour ſe conduire comme il a fait.

Que mes Lettres ayent été écrites ou non à un Américain; qu'elles ayent été imprimées en unetelle Ville ou dans une autre; qu'elles ſoient d'un tel Auteur ou de quelque autre : en quoi tout cela intéreſſe-t'il la gloire de M. de Buffon? Et ſi des déguiſemens tels que ceux dont M. des Landes ſe plaint, fuſſent-ils conſtatés, ſont ſuffiſans par eux-mêmes pour faire rétracter au

Public des applaudiſſemens mérités & non mandiés; cela touche-t'il le fond de la choſe ? J'ai ſurpris M. de Buffon dans une multitude d'écarts, de contradictions, de traits d'imagination haſardés : M. des Landes répond à tout cela que j'en ai impoſé au Public par le frontiſpice, les caracteres & le lieu d'impreſſion de mon Livre. M. de Buffon n'eſt-il pas bien vengé, n'eſt-il pas bien juſtifié ? Plaiſante apologie !

Il termine ſon incurſionſur moi, par une leçon importante. » Il falloit dire naïvement. » Je n'ai pû le faire avec plus de naïveté, » mais avec politeſſe ; » ce qu'on vouloit dire, ſans jet- » ter des nuages ſur la religion de » quelqu'un, dont la conduite

» ne respire que l'honneur, la » vertu, la probité » & la foi qu'il faut sous-entendre, pour trouver ici un peu de Logique. Quant à la politesse, je n'en ai manqué que dans le cas où elle eût été une insulte. Er si les leçons que M. des Landes me donne, sont des pieces de comparaison en genre de politesse, je ne l'ai blessée nulle part. J'ai déja répondu aux reproches concernant la religion de M. de Buffon. Je n'ai rien dit contre l'honneur, la vertu, la probité de mon adversaire; je ne pourrois soutenir les reproches que j'aurois à me faire à cet égard. Je me fais une vraye peine d'être obligé de répondre à M. des Landes sur le même ton qu'il lui a plû de prendre avec moi; car je fais cas de ſes études, & je voudrois de tout mon cœur mériter ſon eſtime.

On ne me reproche pas au moins d'avoir manqué de rendre juſtice à l'eſprit de M. de Buffon & à la majeſté de ſon ſtyle académique. J'appelle ainſi ſon ſtyle brillant, parce qu'en liſant le diſcours de l'Auteur à l'Académie Françoiſe, à la ſuite de celui qu'il nous a donné ſur la nature des Animaux, j'ai trouvé dans l'un & dans l'autre l'uniſſon le plus parfait. Je ſuis trop ſincere pour diſſimuler, que c'eſt préciſément parce que M. de Buffon eſt trop diſert & trop éloquent, qu'il doit peu compter ſur ſes raiſonnemens. Son imagination eſt éloquente pour lui-même ; elle déclame dans ſon cerveau d'une façon harmonieuſe, ce qu'elle lui préſente ; elle ne lui montre jamais les idées ſeule à ſeule, ni dans leur ſimplicité, mais toujours faſtueuſement parées, toujours combinées de façon qu'elles forment pour lui un ſpectacle éblouiſſant. Auſſi eſt-il le ſeul qui ait découvert entre les idées une *correſpondance harmonique*. La vérité diſparoît pour lui au milieu d'une lumiere d'emprunt ; comme une image environnée d'un trop grand éclat, eſt dérobée aux yeux du ſpectateur par un jour trop fort, ou comme la ſimphonie fait perdre les paroles dans un concert.

Le ſtyle, dans ceux qui ont les

dispositions les plus avantageuses, est le fruit de la réflexion, du travail & du goût : mais il est tout formé dans l'imagination, sous la dictée de laquelle M. de Buffon écrit, avant qu'il ait pris la plume. Est-il surprenant qu'il soit lui-même séduit par une harmonie qui a charmé le Public durant plus d'une année, & qu'il soit dans le cas de ces hommes « qui ont sçû commander aux autres par la puissance de la parole » qui « sentent vivement, s'affectent de même, le marquent fortement au dehors, & par une impression purement méchanique, transmettent aux autres leur enthousiasme & leurs affections. » Il suit la regle qu'il donne, il écrit comme

Discours prononcé dans l'Académie Françoise, p. 7.

il pense ; quels ouvrages seroient les siens, s'il pensoit juste !

Aussi ne se promet-il l'immortalité que de la beauté de son style. » Les ouvrages bien écrits, » nous dit-il, seront les seuls qui » passeront à la posterité. La multitude des connoissances, la singularité des faits, la nouveauté » même des découvertes ne sont » pas de sûrs garans de l'immortalité, si les ouvrages qu'ils contiennent ne roulent que sur de » petits objets ; s'ils sont écrits » sans goût, sans noblesse, sans » génie, ils périront, parce que » les connoissances, les faits & » les découvertes, s'enlevent aisément » par quelque plagiaire qui ne sait que mettre en œuvre, & ne peut rien inventer.

p. 23-24.

» Mais *le style est l'homme même* »
& l'on ne dérobe pas un Auteur
comme on lui vole ses découvertes. » Le style ne peut donc ni
» s'enlever, ni se transporter, ni
» s'alterer. » Cette conséquence,
qui n'est certainement pas dans
l'ordre philosophique, par cette
raison, n'est pas facile à saisir. »
» S'il est (le style) élevé, noble,
» sublime, l'Auteur sera également
» admiré dans tous les tems. Car
» (rendez-vous attentif, Monsieur,) il n'y a que la vérité qui
» soit durable & même éternelle;
» or, un beau style n'est tel en
» effet, que par le nombre infini
de vérités qu'il présente. »

Les deux dernieres conséquences qui terminent cet extrait,
me feroient hésiter sur le succès

durable des œuvres de M. de Buffon, car elles nous porteroient à croire, qu'un ouvrage bien écrit, qui ne contiendroit point une infinité de vérités, n'auroit point cette beauté de ſtyle. Que deviendroit celui de Lucrece, dont le poëme au lieu d'une infinité de vérités, fourmille de ſophiſmes, de fauſſes idées & de dogmes impies, quoique ſa maniere d'écrire ſoit élevée, noble, ſublime? Mais que deviendroit le ſtyle de M. de Buffon, qui ſe donnant pour l'Hiſtorien de la Nature, ne nous décrit que ſes ſonges & ſes fictions, & ne nous apprend aucune vérité phiſique?

Pent-être notre Auteur entend-il par ces vérités qui font le

mérite du ſtyle, les vérités d'images & de ſentimens, & la propriété dans le choix des Tropes. C'eſt ce que la réflexion ſuivan-
p. 24. te ſemble dire. « Toutes les » beautés intellectuelles qui s'y » trouvent (dans le ſtyle) tous » les rapports dont il eſt compoſé, ſont autant de vérités auſſi » utiles, & peut-être plus précieuſes pour l'eſprit humain, » que celles qui peuvent faire le » fond du ſujet. »

Selon cette interprétation très-adoucie, que je propoſe, on concevroit que la beauté du ſtyle conſiſte, non ſeulement dans la juſte proportion des phraſes & des périodes, & dans un aſſortiment de ces différentes parties, d'où réſulte un genre d'harmonie, mais encore dans la vérité des images bien choisies, dans le langage naturel des passions, dans les Tropes propres au sujet que l'on traite, ou à la situation de l'Ecrivain & des Lecteurs. Alors on trouveroit dans Lucrece des images vrayes & riantes, l'expression naïve de la corruption du cœur humain, telle qu'on aime à la sentir en soi-même; des figures agréables, adroitement ménagées, pour distraire sur le fond du raisonnement, & tout cela peut être aussi amusant que l'objet du Poëme est faux & détestable. Mais toutes ces beautés peuvent-elles être appellées intellectuelles, & peut-on dire qu'elles contribuent à perfectionner l'esprit humain, ſi l'on ne confond pas l'agréable avec l'utile, & le coloris avec le deſſein ?

J'obſerverai de plus, que dans les ouvrages où il s'agit d'operer la conviction, tels que ſont les Livres de Philoſophie, ceux où les beautés de goût l'emportent ſur le fond de l'ouvrage, ſont très-mauvais. Si M. de Fontenelle lui-même, eût écrit le dernier ouvrage, où il tâche de rétablir, contre les Newtoniens, le ſyſtême du méchaniſme dans le mouvement des Cieux, comme il a écrit ſes mondes, j'oſe dire qu'il eût fait une tache à ſa gloire. Vous voulez me convaincre de certains dogmes, & vous ne faites que m'amuſer & me diſtraire ; vous ne m'inſtruiſez ni me perſuadez,

persuadez ; vous ne remplissez donc pas votre objet ; vous ne répondez pas à mon attente. Je vais au Sermon, & le Prédicateur me fait rire ; je sors indigné, parce que je m'étois monté sur le ton sérieux, & l'on me procure un genre de plaisir auquel je n'aspirois pas : je laisse votre livre comme j'ai quitté le sermon. Que ne m'annonciez-vous que vous travailliez dans le goût de Cirano de Bergerac, & que votre unique but étoit de tourner en ridicule & les Philosophes & la Philosophie ; vous êtes plus éloquent sans doute que cet espece de fol, vous écrivez mieux, vous m'auriez diverti plus décemment.

Je conviens que M. de Bufſon, dans le diſcours même ſur lequel je viens de faire quelques réflexions, nous donne des choſes très-bien penſées & très-utiles pour la compoſition. J'avoue que ſa maniere d'écrire eſt élégante ; mais je penſe qu'elle l'eſt trop pour les matieres philoſophiques qu'il traite. Il eſt capable d'embellir la vérité ; ſon hiſtoire du Cheval, de l'Aſne & du Bœuf, le prouve ; il y intéreſſe & y inſtruit ; mais je lui demande grace pour ſa Métaphiſique ; c'eſt un ſacrifice qu'il fera à ſa gloire, mais qui me réduira à l'admirer uniquement.

On m'a demandé pourquoi un grand nombre de Lecteurs trouve l'Hiſtoire Naturelle ſi facile à ſaiſir ? Elle vous méne, me diſoit-on, par un chemin dont la pente eſt douce & imperceptible; on y court à perte d'haleine, ſans s'épuiſer; tout ce que l'Auteur dit, eſt ſaiſi dès qu'il eſt lû. J'ai répondu qu'il eſt très commun de confondre la netteté & l'éclat du ſtyle avec la clarté des idées & la lumiere de l'évidence. Je me défie de tout Livre de Philoſophie, pour lequel le Lecteur ſe paſſionne, comme un Amateur pour un Concerto. L'enthouſiaſme qu'on y prend, ne peut être que l'effet de l'expreſſion, jamais de la vérité; celle-ci eſt belle, mais ſans affectation; ſon commerce eſt touchant, mais il eſt ſérieux. Au contraire, le ſtyle fleuri eſt toujours une coquetterie dans un Philoſophe, qui le rend rival de la vérité. On prendra ma penſée ſi l'on examine la foule ſortant d'un Sermon. Voyez-vous des yeux guais, des viſages ouverts; entendez-vous mille clameurs? Cet homme eſt divin! Ses diſcours ſont enlevans; c'eſt un Rhéteur qui a prêché, il a réuſſi, ſon deſſein étoit de ſe faire admirer. Voyez-vous, au contraire, des phiſionomies ſombres & penſives, des gens dont l'air annonce qu'ils ſont mécontens d'eux-mêmes? C'eſt un Prédicateur qu'on vient d'entendre; il a voulu occuper de la vérité, & n'occuper que d'elle. Le vrai moyen de diſſiper l'enchantement du ſtyle, & de diſtinguer ſi les ſaillies d'admiration naiſſent de l'agrément de la compoſition, ou de la ſolidité des principes qu'on a lûs; c'eſt 1°. d'examiner ſi cette admiration tombe ſur l'Auteur, ou ſur les objets qu'il préſente, 2°. de rendre ſa doctrine en ſtyle familier, & comme on en rendroit compte à un ami. Ces deux épreuves ſuffiront pour ſe garantir de ces illuſions paſſageres, dont le Public eſt quelquefois la dupe, quoique pendant un tems aſſez court.

Il arrive encore très-ſouvent qu'un Philoſophe paroît clair en débitant ſes principes les plus obſcurs, & qu'il ſemble que ſes leçons ne ſont que celles de la nature. Cela arrive quand il ne rend que ce fond d'obſcurité qu'on trouve chez ſoi, & que s'arrêtant à la ſurface, on ne pénetre pas plus avant : on reconnoît alors dans la deſcription que l'on lit, ce qu'on trouve toujours en ſoi-même, faute de s'être approfondi, ce même fond d'obſcurité. Ainſi on donne le ſentiment aux organes de la machine : n'eſt-ce pas là où vous ſentez ? Et à l'âme la réflexion ? Votre doigt qui ſent la douleur, réfléchit-il ? Et voilà ce qu'on appelle enſoigner d'après l'expérience. Cela eſt clair & nous diſpenſe d'un travail que nous n'aimons pas ; je veux dire la peine de rentrer en nous-mêmes. C'eſt ainſi que tous les ouvrages ſuperficiels en genre de Philoſophie, paroiſſent clairs ; ils ne fatiguent point, parce qu'ils réveillent des préjugés que l'enfance nous a rendu familiers ; qu'ils ne discutent aucunes difficultés, qu'ils n'en font pas même entrevoir, & qu'ils ne font point goûter au Lecteur le plaisir de partager avec l'Auteur l'honneur de ses propres découvertes, par l'application & la méditation. Souvent l'Auteur n'est qu'un pédant qui débite avec pompe, les petites erreurs que nous avons conservées de notre premiere ignorance. Le Philosophe n'enseigne pas, il étudie avec son Lecteur, au Tribunal duquel il soumet ses recherches ; il le fatigue, mais il l'intéresse en paroissant le consulter.

Voilà, Monsieur, tout ce que j'ai crû devoir à ma justification vis-à-vis du Public & de vous-même, à qui je voudrois plaire autant par ma droiture & par ma modération, que par les ſentimens avec leſquels, &c.

XIVe. LETTRE.

MONSIEUR,

IL eſt quelquefois très-utile à l'homme de ſe tromper, parce qu'il lui importe de connoître les bornes étroites de ſon eſprit, & de ſentir qu'il n'eſt pas infaillible. Mais il eſt toujours très-glorieux de faire l'aveu de ſes erreurs; c'eſt le moyen le moins équivoque de prouver que l'amour de la vérité l'emporte ſur l'amour l'amour de nous-mêmes. M. de Buffon nous en a donné un exemple précieux par les explications qu'il envoya à la Sorbonne dès le 12 Mars 1751, & qu'il se seroit probablement hâté de publier, s'il eût été persuadé comme ses amis le répandoient, que mes Lettres eussent jetté des nuages sur sa Religion. Son humble déclaration est la démarche la plus philosophique & la plus chrétienne que nous pussions attendre de lui.

Hist. Nat. in-12. T. 7. Avert.

Dans cette déclaration, il abandonne tout ce qui, dans son Livre, regarde la formation de la terre, & en général, tout ce qui pourroit être contraire à la narration de Moïse, comme la pré-existence des Poissons avant tous les autres Animaux, les terreurs frivoles d'Adam, &c. Il proteste qu'il n'a présenté son hypothèse sur la formation des Planetes, que comme une pure supposition philosophique. Il s'explique d'une façon convenable sur ce qu'il a dit de la verité, & ne se réserve que le droit singulier de regarder les Théorêmes de Mathématique, comme des vérités de simple définition, & qui ne sont pas des vérités définies. Il fait un acte de foi très-précis, sur l'existence de son corps, & donne par-là un désaveu formel de toute la métaphisique qu'il avoit tirée de ses expériences microscopiques, & se purge très-bien du soupçon de soutenir *l'Immaterialisme univer-*

sel. Enfin, il s'explique ſur ce qu'il avoit avancé, que l'ame eſt impaſſible de ſa nature, & prétend, que par *impaſſible*, on a dû entendre indeſtructible. Il ne dit pas qu'elle éprouve la douleur en cette vie, vous verrez même dans la ſuite, Monſieur, qu'il n'a pû le dire, mais il n'a pas cru » que par la puiſ» ſance de Dieu elle ne *pût être* » *ſuſceptible* des ſentimens de P. 15. » douleur que la Foi nous ap» prend devoir faire dans l'autre » vie, la peine du péché & le » tourment des méchans.» Ainſi, ſelon lui, l'ame n'eſt ſuſceptible de douleur, après la mort, que par un miracle; cette ſuſceptibilité n'eſt pas de ſa nature. Etrange paradoxe, démenti par notre expérience jour-naliere, & que la Sorbonne a laiſſé probablement paſſer, comme une erreur purement philoſophique.

Après ces Préliminaires, M. de Buffon nous invite à étudier l'Hiſtoire des Animaux ſur un
T. 7. p. 2. principe aſſez ſurprenant. » S'il » n'exiſtoit point d'animaux, » nous dit-il, la nature de l'hom- » me ſeroit encore plus incom- » préhenſible. » Vous ne lui paſſerez pas, Monſieur, ce paradoxe; vous ſavez trop que rien n'eſt moins clair pour nous que la nature des animaux, dont nous ne voyons que les dehors; & qu'aucune des connoiſſances qu'elle nous procure, n'équivaut à l'étendue de celles que no-

tre sens intime nous donne de nous-mêmes. L'Auteur veut au contraire, » en nous faisant dis- » tinguer nettement les princi- » paux effets de la *méchanique vi-* p. 4. » *vante*, (quelle expression!) nous » conduire à la science impor- » tante dont l'Homme même est » l'objet. C'est ainsi qu'il débute » dans son ample discours sur les Animaux, où l'on voit bien qu'il n'a pas abjuré sa méthaphisique.

Pour entrer en matiere, il écarte d'abord sagement » les » propriétés qui appartiennent à » l'Animal, parce qu'elles appar- » tiennent à toute matiere ; » l'étendue, la pesanteur, l'impénétrabilité, la figure, la capacité de mouvement & de repos. Il Ibid. rejette encore les facultés com-

munes à l'Animal & au végetal.
Mais il veut de plus » éloigner
» de nos considérations cette es-
» pece de nature animale parti-
P. 5. » culiere, » dont l'organisation
est très-différente de la nôtre,
pour s'attacher à ceux des Animaux qui nous ressemblent le
P. 6. plus. » L'œconomie animale d'u-
» ne Huitre, par exemple, dit-il,
» ne doit pas faire partie de celle
» dont nous avons à traiter. » Il
s'engage ensuite à établir par des
preuves claires & solides, le degré précis de l'infériorité des
Ibid. Animaux, » afin de distinguer
» ce qui n'appartient qu'à l'Hom-
» me, de ce qui lui appartient en
» commun avec l'Animal. »

Ainsi, il circonscrit son sujet,
& en a retranché toutes les ex-

trèmités excédentes, comme il le dit. Il le divise ensuite; mais par grandes masses. » Avant » d'examiner en détail les parties » de la machine animale, & les » fonctions de chacune de ses » parties, voyons en général le » résultat de cette méchanique; « &, sans vouloir d'abord raison- » ner sur les causes, bornons- » nous à constater les effets. »

Il distingue dans l'Animal deux manieres d'être, qui se succédent alternativement, la veille & le sommeil. » Dans le pre- P. 7.
» mier état, tous les ressorts de » la machine animale sont en » action : dans le second, il n'y » en a qu'une partie, & cette » partie qui est en action pendant » le sommeil, est aussi en action

» pendant la veille : cette partie
» eſt donc d'une néceſſité abſo-
» lue, puiſque l'Animal ne peut
» exiſter d'aucune façon ſans
» elle. Cette partie eſt indépen-
» dante de l'autre, puiſqu'elle
» agit ſeule : l'autre au contraire
» dépend de celle-ci, puiſqu'elle
» ne peut ſeule exercer ſon ac-
P. 9. » tion...... L'action du cœur &
» des poulmons dans l'Animal
» qui reſpire, l'action du cœur
» dans le Fœtus, paroiſſent être
» cette premiere partie de l'œ-
» conomie animale : l'action des
» ſens & le mouvement du corps
» & des membres, ſemblent
» conſtituer la ſeconde. » Tout
ceci eſt clair & méthodique, les
inductions que l'on en va tirer ne
le ſont pas. Jugez-en, Monſieur.

» Si nous imaginions donc des » Etres auxquels la Nature n'eût » accordé que cette premiere » partie de l'œconomie animale, » ces Etres qui seroient nécessai- » rement privés de sens & de » mouvement progressif, ne lais- » seroient pas d'être des Etres » animés, qui ne différeroient » en rien des Animaux qui dor- » ment. Une Huitre, un Zoo- » phite, qui ne paroît avoir ni » mouvement extérieur sensible, » ni sens externe, est un Etre » formé pour dormir toujours. » Un végetal (écoutez ce que nous ne savions point) » n'est » dans ce sens qu'un Animal qui » dort. » Ibid.

Quand on écrit avec enthou- siasme, on outre également le

grand & le petit, & l'on oublie ce qu'on vient d'établir un moment auparavant. Il a reconnu une partie d'une néceſſité abſolue pour l'Animal, qui ne peut exiſter d'aucune façon ſans elle : il a décidé, très-légerement à la verité, que cette partie étoit le cœur en action ; & il veut que le végetal, qui n'a ni cœur, ni rien d'analogue au cœur, ſoit un Animal qui dort, comme le Fœtus animé, ou comme une Huitre. Il auroit pû faire encore cette autre obſervation, que la plûpart des végetaux, comme nos Chênes, ſont comparables à la Marmote, qu'ils dorment pendant ſix mois de l'année dans l'hiver, durant leſquels ils ne donnent aucun ſigne de vie ; & qu'ils veillent pendant la belle ſaiſon. Cette préciſion vaudroit aſſurément ſa définition du végetal. J'ai dit qu'il avoit réduit très-légerement au cœur en action, la partie abſolument eſſentielle à l'Animal. Combien d'Inſectes, en effet, ſont regardés comme de vrais Animaux, dans leſquels on ne ſoupçonne pas même de cœur, tels que les Chenilles? &c. Il le reconnoît lui-même. » Dans la » plûpart des Inſectes, par exem- » ple, l'organiſation de cette » principale partie de l'œcono- » mie animale eſt ſinguliere ; au » lieu de cœur & de poulmons, » on y trouve des parties qui ſer- » vent de même aux fonctions vi- » tales, & que par cette raiſon, » on a regardé comme analogues

p. 15. & 16.

» à ces viſceres, mais qui réelle-
» ment en ſont très-différentes,
» tant par la ſtructure que par le
» réſultat de leur action. » Toutes ces inattentions échappent à un Lecteur emporté par le même enthouſiaſme qui a diſtrait l'Auteur.

P. 17. La principale différence qu'il remarque entre les Animaux, eſt priſe de leur enveloppe extérieure, & il obſerve que c'eſt aux extrêmités de ces enveloppes, que ſont les plus grandes
P. 18. différences. Il dit enſuite que
» le cerveau & les ſens forment
» une ſeconde partie eſſentielle
» à l'œconomie animale, (&
» que) le cerveau eſt le centre
» de l'enveloppe, comme le
» cœur eſt le centre de la partie

» intérieure de l'Animal »

Après ces préparatifs, il ébauche son systême de l'œconomie animale, par rapport aux mouvemens qui suivent l'impression des sens : & sa doctrine en ce point aura paru claire à beaucoup de Lecteurs ; & cependant rien n'est plus obscur ni moins phisique. Ecoutons-le, mais ne tronquons point les textes, il est nécessaire d'en rapporter d'assez longs, pour n'être pas soupçonnés d'exténuer les principes de l'Auteur.

» Le cœur & toute la partie P. 19.
» intérieure, agissent continuel-
» lement, sans interruption, &
» pour ainsi dire, méchanique-
» ment, & indépendamment
» d'aucune cause extérieure ; les

» ſens au contraire & toute l'en-
» veloppe, n'agiſſent que par des
» intervales alternatifs, & par
» des ébranlemens ſucceſſifs,
» cauſés par les objets exte-
» rieurs. » Je ne ſçai ce que ſigni-
fie là *toute l'enveloppe.* » Les ob-
» jets exercent leur action ſur les
ſens : » il veut dire ſur les organes des ſens, comme ſur la rétine, &c. » Les ſens modifient
» cette action des objets. » Je ne
reconnois point ici le Phyſicien.
L'appareil intérieur de l'oreille,
reçoit les vibrations du ſon telles
qu'elles lui ſont tranſmiſes par la
corde d'un inſtrument ; elle ne
les modifie pas. Les rayons ſouf-
frent des réfractions, en traver-
ſant les humeurs de l'œil, qui
ne peuvent être appellées le ſens

de la vûe ; mais les rayons communiquent à la rétine le genre d'oſcillation qui leur eſt propre, & la rétine reçoit, & ne modifie point ces oſcillations. Il ajoute. » Les ſens en portent l'impreſ- » ſion modifiée dans le cerveau, » où cette impreſſion devient ce » qu'on appelle ſenſation. » C'eſt p. 20.
donc le point du cerveau, où l'impreſſion, où une image, par exemple, peinte ſur la rétine, eſt reçûe, qui voit. Cette image eſt tranſmiſe dans quelque endroit du cerveau ; là, elle devient, non apperçûe, mais la viſion même de l'objet qu'elle repréſente, ſans aucune nouvelle modification ; par une opération magique l'eſpece *impreſſe* devient *expreſſe*, comme s'exprimoient nos vieux

ſcholaſtiques, ſans l'interpoſition d'un *intellect agent*. Ce n'eſt plus mon ame qui voit les objets, c'eſt un point de mon cerveau, que mon âme ne connoît point, & qui ſeule a la ſenſation de viſion : comme elle eſt *impaſſible* de ſa nature, elle eſt aveugle. En vérité peut-on dire que tout cela ſoit clair; combien de Lecteurs cependant auront trouvé & très-précis & conforme à leur expérience, ce que je viens de rapporter? Il continue, toujours ſur le même ton & de préciſion &
Ibid. de lumiere. » Le cerveau, en » conſéquence de cette impreſ-» ſion, agit ſur les nerfs, & leur » communique l'ébranlement » qu'il vient de recevoir, & c'eſt » cet ébranlement qui produit le mouvement

» mouvement progreſſif & tou-
» tes les autres actions extérieu-
» res du corps & des membres de
» l'Animal. » C'eſt donc l'ébranlement, le genre d'oſcillation que le cerveau a reçû des différens traits de lumiere, qui communiqué aux nerfs, fait allonger le bras, ſerrer la main, la retirer enſuite, ſaiſir le fruit d'où les traits de lumiere avoient été réfléchis dans notre œil. Quelle merveille! Des rayons rouges, par un ton d'oſcillation propre, tranſmettent leur ton de vibration aux nerfs des jambes & des bras; & en conſéquence de cette ttanſmiſſion, mes jambes ſe remuent alternativement, pour approcher d'une Pêche; mon bras fait tout ce qu'il faut pour la

ſaiſir. C'eſt un effet de la lumiere qui a échappé au grand Newton.

D'où tire-t'on donc cet étrange phiſique ? De ce principe. » Toutes les fois qu'une cauſe » agit ſur un corps, on ſait que » ce corps agit lui-même par ſa » réaction ſur cette cauſe. Ici les » objets agiſſent ſur l'Animal par » le moyen des ſens, & l'Animal réagit ſur les objets par ſes » mouvemens extérieurs. En gé» néral, l'action eſt la cauſe, & la
Ibid. » réaction l'effet. » Axiôme inſoutenable en bonne Phiſique. La percuſſion bande les reſſorts de deux corps qui ſe choquent, & ſon effet ſe termine-là, c'eſt l'action : enſuite les reſſorts ſe débandent, & les deux corps ſe

rétabliſſent, voilà la réaction: ſecond effet, lequel doit être rapporté à une force intérieure aux deux corps, & non pas à la cauſe du choc. Combien de fois avez-vous reconnu, Monſieur, dans les Ouvrages de M. de Buffon, de ces expreſſions haſardées, de ces prétendus axiômes qui n'éblouiſſent que des Lecteurs qui n'approfondiſſent rien.

Mais quand on lui paſſeroit ſon principe, quelle application pourroit-il en faire aux mouvemens des membres qui ſuivent les impreſſions des objets? Les rayons rejaillis frapent la rétine, avec différens tons de vibration: ces rayons pouſſeront des files correſpondantes d'eſprits animaux, comme une baguette en pousse une autre, vers un endroit du cerveau, où l'image sera peinte. Cet endroit du cerveau comprimé par cette action, doit, par le principe de M. de Buffon, repousser les traits d'esprits animaux, ceux-ci les traits de lumiere qui les avoient mis en action. Ainsi, les rayons lumineux seroient repercutés sur l'objet d'où ils avoient été réfléchis.

Ne voudroit-il point nous dire, que dans l'espece que je viens de proposer, les esprits dirigés par la lumiere, en frappant quelque endroit du centre prétendu des sens, y détendent quelque ressort, poussent quelque soûpape, font quelque chose d'analogue au méchanisme, qui fait sonner les heures dans une l'horloge, ou aux jeux que tire l'Organiste, suivant le caractere de l'air qu'il veut jouer; ensorte que par ce moyen, des esprits sont déterminés à enfiler les nerfs nécessaires pour faire agir tel ou tel de nos membres. J'aurois bien des questions intéressantes à faire sur cette explication. Mais comme elle revient aux idées de M. Descartes, sur l'œconomie des Animaux, & que M. de Buffon ne se donne pas pour un Disciple, qui daigne penser d'après ce grand Maître : je suis dispensé de les faire. Il n'est pas probable que M. de Buffon ait adopté cette opinion, son raisonnement n'y porte point du tout.

Il s'objecte que » l'effet n'est P. 20. & 21.
» point proportionnel à la cause;

» que dans les corps solides qui » suivent les loix de la Méchanique, la réaction est toujours » égale à l'action ; mais que dans » le corps animal, il paroît que » le mouvement extérieur, ou la » réaction, est incomparablement plus grande que l'action, » & que, par conséquent le mouvement progressif & les autres » mouvemens extérieurs, ne doivent pas être regardés comme » de simples effets de l'impression des objets sur les sens. » Il répond » qu'il y a dans la nature » un grand nombre de cas & de » circonstances, où les effets ne » sont en aucune façon proportionnels à leurs causes *apparentes.* » Il donne pour exemple, l'étincelle avec laquelle on en-

Ibid.

flamme un Magaſin à Poudre, les terribles effets de l'Electricité, dûs au ſeul frottement leger d'un globe de verre. Mais l'action de l'étincelle & le frottement du verre, ſont cauſes non ſeulement apparentes, mais réelles des phénomenes qu'il rapporte. Au lieu que l'impreſſion des ſens, n'eſt cauſe ni réelle ni apparente du mouvement progreſſif des Animaux. Car ſi les principes de M. de Buffon étoient ſolides, toute impreſſion de la lumiere ſur nos yeux, cauſeroit toujours une réaction du cerveau qui nous feroit approcher de l'objet, ce qui eſt très-contraire à l'expérience. De deux hommes qui voyent un fruit, l'un le ſaiſit avec avidité, l'autre ne fait pas le moindre mouvement pour le prendre. Un million d'objets frappent par jour les yeux d'un Animal, qui ne fera pas le moindre pas vers eux.

P. 22. & 23. Auſſi nous avertit-il qu'il » ne » prétend point aſſûrer comme » une vérité démontrée, que le » mouvement progreſſif, & les » autres mouvemens exérieurs, » ayent pour cauſe, & pour cau- » ſe unique, l'impreſſion des ob- » jets ſur les ſens » mais on s'at- tendoit pourtant à une démonſ- tration, puiſque l'on partoit d'un principe de méchanique préten du. Paſſons à l'Auteur: cette inat- tention, » je le dis ſeulement » comme une choſe vraiſembla- » ble, & qui me paroît fondée » ſur de bonnes analogies. »

Quelles

Quelles sont-elles ? Voici la premiere. » Tous les Estres organisés qui sont privés de sens, » sont aussi privés de mouvement » progressif, & tous ceux qui en » sont pourvûs, ont tous aussi » cette qualité active de mouvoir » leurs membres & de changer » de lieu. » Ces Estres organisés dénués de sens, sont apparemment les végetaux, car je ne connois point d'animaux de cette espece. Seconde Analogie. » Je vois de plus qu'il arrive sou- » vent que cette action des ob- » jets sur les sens, met à l'instant » l'Animal en mouvement, sans » même que la volonté paroisse » y avoir part. » Afin que l'opinion de M. de Buffon fût vraye, il faudroit que cela arrivât toujours, dans le cas où la volonté ne s'y oppose point, » & qu'il ar-» rive toujours, lorsque c'est la » volonté qui détermine le mou-» vement, qu'elle a été elle-mê-» me excitée par la sensation qui » résulte de l'impression actuelle » des objets sur les sens, ou de » la réminiscence d'une impres-» sion antérieure. » Ce second phénomene contredit la doctrine de l'Auteur, puisque la volonté détermine alors les mouvemens pour rechercher l'objet, ou pour le fuir : ce n'est donc pas la sensation qui les cause.

Je l'ai souvent observé, quand M. de Buffon rapporte quelque phénomene, c'est toujours contre ce qu'il entreprend de prouver. Il nous invite ici à analyser

le phisique de nos actions. Il vaut mieux effectivement partir des connoissances que nous avons de nous-mêmes, pour nous former quelque idée du principe qui fait agir les Animaux, que d'attendre pour nous connoître, que nous ayions découvert la source d'activité dans les Bêtes. Il nous dit que » le p. 24.
» désir que fait naître l'impression
» sur quelque sens, ne peut être
» que relatif à quelques-unes de
» nos qualités, & à quelques
» unes de nos manieres de
» jouir....... Nous ne desirons
» (l'objet apperçû) que pour sa-
» tisfaire plus pleinement le sens
» avec lequel nous l'avons ap-
» perçû, ou pour satisfaire quel-
» ques uns de nos autres sens en

» même tems, c'eſt-à-dire, pour
» rendre la premiere ſenſation
» encore plus agréable, ou pour
» en exciter une autre, qui eſt
» une nouvelle maniere de jouir
» de cet objet..... Le deſir ne
» vient donc que de ce que
» nous ſommes mal ſitués par
» rapport à l'objet que nous ve-
» nons d'appercevoir, nous en
» ſommes trop loin ou trop près :
» nous changeons donc naturel-
» lement de ſituation, parce
» qu'en même tems que nous
» avons apperçû l'objet, nous
» avons auſſi apperçû la diſtance
» ou la proximité, qui fait l'in-
» commodité de cette ſituation,
» & qui nous empêche d'en jouir
» pleinement. Le mouvement
» que nous faiſons en conſéquen-

» ce du desir, & le desir lui-mê-
» me, ne viennent donc que de
» l'impression qu'a fait cet objet
» sur nos sens.

Et moi, je me crois autorisé à conclure, des principes mêmes de M. de Buffon, que l'impression de l'objet sur une partie de notre cerveau, quelque soit la partie où les images sont reçûes, n'est cause efficiente ni du desir, ni des mouvemens qui suivent le desir: car le desir naît de la connoissance que nous avons du rapport, non le rapport de l'empreinte ou de l'image représentée dans le cerveau, laquelle ne s'apperçoit point elle-même, & n'est point apperçûe par l'âme, mais du rapport de l'objet peint, avec notre bien être. Il naît de la connoiſſance que cet objet pré-ſent eſt propre à ſatisfaire quelque beſoin, comme la faim, ou á nous procurer quelque agrément ; & cette connoiſſance n'eſt & ne ſauroit être aucun effet méchanique. M. de Buffon ne nous dit-il pas lui-même avec plus de miſtére, mais moins d'exactitude, que le deſir eſt relatif à quelques unes de nos qualités, & à quelques unes de nos manieres de jouir. Or, je voudrois bien ſavoir, quelque ſoit l'ordre des rayons réfléchis d'un objet, quelque ſoit le ton de vibration de chacun de ſes rayons, s'ils impriment phiſiquement ce rapport purement ſpirituel, ou la connoiſſance de ce rapport ſur l'image qu'ils peignent au fond du cerveau. Cependant le desir naît de ce rapport connu ; il n'a donc point pour cause efficiente, l'impression de la lumiere.

M. de Buffon tire de sa doctrine, une conséquence contre les Huitres, car elles ne lui plaisent point, & je ne sai pourquoi.
» Un Estre organisé, qui n'a point P. 26.
» de sens ; une Huitre, par exem-
» ple, qui probablement n'a
» qu'un toucher fort imparfait, »
quelqu'imparfait qu'il fût ce
seroit un sens » est donc un
» Estre privé non seulement du
» mouvement progressif, mais
» encore de sentiment & d'intel-
» ligence, puisque l'un ou l'autre
» produiroient également *le desir*,
» & se manifesteroient par le
» mouvement extérieur. » Avec

quelle confiance l'Auteur nous débite-t-il ici des faits démentis par l'expérience ! Quoi ! l'Huitre ne donne aucuns signes de desirs, ni d'aversion, ni de besoin ? Pourquoi ouvre-t-elle donc sa coquille pour rejetter l'eau dont elle a usé, & en prendre de nouvelle ? Pourquoi paroît-elle se plaire à la tenir ouverte dans le beau tems en s'épanouissant ? Quand elle pince le doigt placé imprudemment entre ses écailles ouvertes, elle ne donne aucune marque de vengeance ? Quand elle serre le couteau introduit dans son ouverture, elle ne semble pas occupée de sa conservation ? Quand elle se ferme, pour peu qu'un corps la heurte, elle ne donne pas des signes d'un tact très-fin ? Le mouvement qu'elle donne, (toute molle qu'elle eſt, quelque peu propre qu'elle paroiſſe à agir de force) aux muſcles qui ſervent à ouvrir ou à fermer ſes écailles, ſi peſantes par rapport à ſon volume & à la conſiſtance de ſa chair, n'a aucune analogie aux mouvemens de nos membres ? Que ces mouvemens de l'Huitre ſont admirables aux yeux d'un homme qui obſerve en Philoſophe ! On ne remarque aucun art, aucune merveille de méchanique dans la production de ſes petits ; aucune induſtrie dans ſa maniere de trouver les parties délicates dont elle ſe nourrit, & d'enlever à l'eau de la Mer ce ſel acre & ce bitume dont nous ne ſommes point encore parvenus à la dépouiller ? Si M. de Buffon veut nous donner quelque idée des Animaux dénués totalement de ſens, qu'il cherche d'autres exemples ; les procédés de l'Huitre lui ſont trop contraires. Pourquoi revient-il ſi ſouvent ſur des faits qu'il a ſi peu étudiés ? Que les Huitres ſoient indignes de ſes obſervations, je le veux bien ; mais leur condition ne dépend en aucune ſorte de ſa façon de penſer.

P. 26. « Je n'aſſurerai pas, ajoute-
» t-il, que ces Eſtres privés de
» ſens, ſoient auſſi privés du ſen-
» timent même de leur exiſtence;
» mais au moins peut-on croire
» qu'ils ne la ſentent que très-
» imparfaitement, puiſqu'ils ne

» peuvent appercevoir, ni sentir l'exiſtence des autres Eſtres.» Je ne l'aſſurerai pas non plus : mais je trouve très-ſingulier que l'on conclue, qu'un Etre ne ſe ſent qu'imparfaitement exiſter, lorſqu'il ne ſent point l'exiſtance des autres individus de la même eſpece, ou d'une autre. L'exiſtance eſt une choſe poſitive & non relative, & le ſens intime que l'on en a, eſt indépendant de tous les autres Eſtres. D'ailleurs les phénomenes que je viens de rapporter, donnent des indices très-forts de la ſenſibilité des Huitres à l'égard des impreſſions que les objets font ſur elles, & fort ſemblables aux ſignes de ſenſibilité que nous voyons dans les autres Animaux.

Ibid. De l'idée qu'il s'est faite des Huitres, il tire cette conséquence. » C'est donc l'action des objets sur les sens qui fait naître » le desir, & c'est le desir qui produit le mouvement progressif. » Desirer & effectuer ce que l'on desire, sont des choses très différentes. Vouloir remuer son bras, & le remuer, l'un & l'autre ne vont pas toujours ensemble. Le paralitique le sait bien. Le létargique entend qu'on lui dit de serrer la main ; il veut le faire, mais inutilement ; la volonté seule du Créateur porte nécessairement son exécution.

Vous observez sans doute, Monsieur, (& le trait est singulier) que Monsieur de Buffon ayant choisi deux analogies, pour prouver qu'il est très-vraisemblable que le mouvement progressif, & les autres mouvemens exterieurs ont pour cause, & pour cause unique, l'impression des objets sur les sens ; il nous conduit au contraire à cette conséquence, que l'action des objets fait naître le desir, & que c'est le desir qui produit le mouvement progressif. Il généralise encore davantage cette conséquence dans la suite, » la cause, p. 29. » le principe, l'action, la déter- » mination du mouvement & des » membres de l'Animal, vien- » nent uniquement du desir oc- » casionné. » Pesez ce terme, je vous prie, » par l'impression des » objets sur les sens. » N'ya-t-il pas une contradiction bien marquée dans la doctrine de notre Auteur ?

Non, Monsieur, quelque familiarisé qu'on soit avec les contradictions, on ne se contredit pas toujours; & vous n'en voyez ici, que parce que vous regardez un desir comme une affection essentiellement particuliere à la substance spirituelle ; au lieu que dans l'esprit de M. de Buffon, c'est une affection purement machinale, un phénoméne méchanique, selon lui, vous le verrez dans la suite; le cerveau dans la bête, sent son existance, aime le bien être, & desire l'objet qui peut le rendre heureux. Ainsi un desir dans le systême que nous examinons, est une façon d'Estre machinale du cerveau. Vous allez vous récrier que vous ne connoissez d'Estres dans la matiere, de quelque façon qu'elle puiſſe être modifiée, que dans le mouvement & le repos, dans la configuration & dans l'ordre des parties ; & que nulle figure, nulle contexture, nul mouvement, nulle oſcillation ne peut être un deſir. Je le crois comme vous : mais il n'eſt pas ici queſtion de ce que nous croyons vous & moi, & tout Eſtre penſant avec nous ; mais du ſyſtême de M. de Buffon. Or, ſi un deſir eſt un phénoméne méchanique & materiel, lorſque nous verrons un Chien ſe jetter ſur un Liévre, nous dirons que la couleur & l'odeur du Liévre, affectent les yeux & le nez du Chien ; que l'impreſſion faite ſur la rétine & ſur l'odorat du Chien eſt tranſmise à son cerveau, y devient une sensation agréable ; qu'à l'occasion de cette sensation, l'amour du bien être est réveillé dans l'organe sensible ; il desire de se jetter sur sa proye, voilà la cause des mouvemens que se donne l'Animal. Et toute cette doctrine étant admise, vous direz également sans vous contredire, & que les impressions faites sur les sens de l'Animal sont la cause *mediate* des procedés que nous voyons ; & que les desirs du Chien, en sont la cause immédiate. Vous voyez, Monsieur, quelle peine je me donne pour sauver des contradictions à notre Auteur, pour peu que j'y entrevoye le moindre jour. Je suis, &c.

XVe. LETTRE.

MONSIEUR de Buffon essaye de nous fixer sur la nature des Animaux. » Comme l'Ani- P. 31.
» mal est un Estre purement ma-
» tériel, nous dit-il, qui ne
» pense ni ne réfléchit, & qui
» cependant agit & semble se
» déterminer, nous ne pouvons
» pas douter que le principe de
» la détermination du mouve-
» ment ne soit dans l'Animal un
» effet purement méchanique, &
» absolument dépendant de son
» organisation. » Suspendez votre jugement, Monsieur; n'allez pas imaginer que Monsieur

de Buffon ſoit Cartéſien. » Je
» conçois donc, continue-t-il,
» que dans l'Animal, l'action des
» objets ſur les ſens en produit
P. 31. » une autre ſur le cerveau, que
» je regarde comme un ſens in-
» térieur & général qui reçoit
» toutes les impreſſions que les
» ſens extérieurs lui tranſmet-
» tent. Ce ſens interne eſt non-
» ſeulement ſuſceptible d'être
» ébranlé par l'action des ſens &
» des organes extérieurs, mais
» il eſt encore, par ſa nature,
» capable de conſerver long-
» tems l'ébranlement que pro-
» duit cette action. Et c'eſt dans
» la continuité de cet ébranle-
» ment que conſiſte l'impreſ-
» ſion qui eſt plus ou moins pro-
» fonde, à proportion que cet

» ébranlement dure plus ou » moins de tems. » Ne vous impatientez point, Monsieur, de la longueur de ce texte. Je suis obligé de donner de l'étendue à mes Extràits ; je ne veux pas qu'on ait le moindre prétexte de m'accuser d'affoiblir la doctrine de l'Auteur, en ne la rendant que par des citations détachées. Lisez donc la suite de l'exposition de cette doctrine.

» Le sens intérieur differe P. 3[illegible]
» donc des sens extérieurs ; d'a» bord par la propriété qu'il a de » recevoir généralement toutes » les impressions, de quelque » nature qu'elles soient ; » c'est-à-dire, celles de la lumiere, ou l'image des objets qu'elle porte ; celles du son, du goût, du tou-

cher, &c. On ne nous dit pas si ce sens universel est tout le cerveau, ou seulement une de ses parties : si chaque partie du cerveau peut recevoir les divers ébranlemens dont chaque organe extérieur des sens est susceptible, ou si cet organe général a des parties affectées, pour recevoir les effets de la lumiere, d'autres pour les sens, pour les odeurs, &c. Ces détails appesantiroient l'éloquence de Monsieur de Buffon, ils dissiperoient cependant un nuage dont sa doctrine est enveloppée; mais peut-être lui est-il nécessaire.

» Secondement, ce sens in-
» térieur differe des sens exté-
» rieurs par la durée de l'ébranle-
» ment que produit l'action des

» causes extérieures ; mais pour Ibid.
» tout le reste, il est de la même
» nature que les sens extérieurs.
» Le sens intérieur de l'Animal
» est, aussi-bien que ses sens ex-
» térieurs, un organe, un résul-
» tat de méchanique, un sens
» purement matériel. Nous avons
» comme l'Animal, ce sens inté-
» rieur matériel, & nous possé-
» dons de plus un sens d'une na-
» ture supérieure & bien diffé-
» rente qui réside dans la subs-
» tance spirituelle qui nous ani-
» me & nous conduit. » Il faut que vous reteniez bien, Monsieur, que ce sens intérieur a la perception même des objets, suivant Monsieur de Buffon, & que cette perception est un effet purement méchanique. Et c'est

par là que l'Auteur rapportant toutes les actions des Bêtes à ces effets purement méchaniques, differe preſqu'autant de Monſieur Deſcartes que l'intelligence pure differe de la ſubſtance matérielle.

Je ſupprime, Monſieur, beaucoup des menus détails, & fort prolixes ſur les différences qu'il trouve entre le ſens intérieur & les organes extérieurs des ſens
P. 33. très-réels. On eſt bien le maître d'établir celles que l'on veut entre des objets de pure fiction, & les productions de la Nature. Ces différences ſont fort bizarres, & ſont autant de paradoxes diamétralemant oppoſés aux phénoménes les mieux connus. Par exemple, ſelon lui, l'ébranlement

que produit la lumiere dans l'œil, subsiste plus long-tems que l'ébranlement de l'oreille par le son. Qui ne sçait pas que d'un clin d'œil à l'autre, le premier objet est totalement disparu, tandis que le second se montre sans aucun mêlange avec le premier. Que seroit la Musique, si chaque son s'évanouissoit aussi promptement dans l'oreille ? Autre prétention tout aussi insoutenable. Il veut que l'œil puisse être regardé comme une continuation de son sens intérieur organique, à cause de la durée prétendue de ses ébranlemens, & encore parce qu'il est actif, parce qu'il rend au-dehors les impressions intérieures. Il exprime le desir que l'objet agréable, qui vient de le frapper, a fait naître. Quelle Physique! Quand l'œil fait l'effet d'un miroir, est-il plus actif que le miroir? Dans les teintes qu'il prend des passions, n'est-il pas passif, aussi-bien que les jouës, lorsque la pudeur les décore d'un incarnat ingénu? Ces jeux méchaniques, qui, loin d'être des effets de la volonté, la trahissent malgré elle, peuvent-ils être rapportés à l'impression de la lumiere par un Physicien? Mais, faisons-lui grace sur tous ces petits détails qu'il met adroitement en œuvre pour distraire sur la suite de son systême, & dont une discussion approfondie nous distrairoit nous-mêmes, qui cherchons à rapprocher les pieces de

ce

ce même système, pour en faire mieux sentir la différence.

» Le sens intérieur de l'Animal..... non seulement conserve » les impressions qu'il a reçûes, » mais il en propage l'action, en » communiquant aux nerfs les » ébranlemens, » les vibrations de la lumiere, les ondulations de l'air, &c. » Les organes des » sens exterieurs, le cerveau qui » est l'organe du sens intérieur, la » moëlle épiniere & les nerfs qui » se répandent dans toutes les » parties du corps animal, doi» vent être regardés comme fai» sant un corps continu, comme » une machine organique, une » multitude de leviers dans la» quelle les sens sont les parties » sur lesquelles s'appliquent les

P. 31.

» forces, ou les puiſſances exté-
» rieures. Le cerveau eſt l'hipo-
» moclion, ou la maſſe d'appui;
« & les nerfs ſont les parties, que
» l'action des puiſſances met en
» mouvement. » Cette doctrine peut-elle être plus ſimple? Un Chat voit une Souris; il ſe tapit, attend qu'elle ſe mette à portée d'être ſurpriſe, il ſe jette deſſus, en badine avec ſes griffes, la laiſſe échapper pour la reprendre, la porte dans ſa gueule aux pieds de ſa maîtreſſe; effets du levier, dont l'appui eſt entre les deux extrêmités, & dont la puiſſance eſt l'ébranlement de la lumiere. L'hipomoclion, ou point d'appui, eſt la volonté, façon d'être du cerveau, & qui deſire de tuer impitoyablement la Souris.

« Mais ce qui rend cette machine différente des autres machines, c'est que l'hipomoclion est non seulement capable de résistance & de réaction, mais qu'il est lui-même actif, parce qu'il conserve longtems l'ébranlement qu'il a reçû; & comme cet organe interieur, le cerveau est d'une grande capacité, & d'une très grande sensibilité. » Ce viscere très-certainement ne sent rien. « Il peut recevoir un très-grand nombre d'ébranlemens successifs & contemporains, & les conserver dans l'ordre où il les a reçûs, parce que chaque impression n'ébranle qu'une partie du cerveau, & que les impressions successives ébranlent P. 39.

» différemment la même partie ;
» & peuvent auſſi ébranler des
» parties voiſines & contigues. »

En verité, ceux qui comprennent ce diſcours, ſont bien heureux; pour moi je n'y trouve que d'épaiſſes ténebres, & j'aurois une infinité d'éclairciſſemens à demander, avant de pouvoir y rien entendre. Quand j'imagine que tous les points apperçûs d'un objet, frappent chacun un coup particulier ſur la retine, par les rayons réunis au fond de l'œil ; que je penſe qu'enſuite chacun de ces petits coups retentit à un point particulier au dedans du cerveau, & que j'entens prononcer que de tous ces petits chocs, il en réſulte encore que leurs efforts réunis font remuer les bras

& les jambes, par la propagation de l'ébranlement qu'ils ont causé au cerveau, je ne sai plus ce que c'est que phisique.

Une supposition que l'Auteur employe, apparemment pour éclaircir sa doctrine, confond encore plus mes idées. C'est son fort que les suppositions. Comprenez, Monsieur, si vous pouvez. » Si nous supposions un p. 40.
» Animal qui n'eût point de cer-
» veau, mais qui eût un sens ex-
» térieur fort sensible & fort
» étendu; un œil, par exemple,
» dont la rétine eût une aussi
» grande étendue que celle du
» cerveau, & eût en même tems
» cette propriété du cerveau, de
» conserver longtems les impres-
» sions qu'elle auroit reçûes, il

» est certain qu'avec un tel sens ;
» l'Animal verroit en même tems
» non seulement les objets qui
» le frapperoient actuellement,
» mais encore tous ceux qui l'au-
» roient frappé auparavant ; par-
» ce que dans cette supposition,
» les ébranlemens subsistant tou-
» jours, & la capacité de la réti-
» ne étant assezgrande pour les
» recevoir dans des parties diffé-
« rentes, il appercevroit égale-
» ment & en même tems, les pre-
» mieres & les dernieres images ;
» & voyant ainsi le passé & le
» présent du même coup d'œil,
» il seroit déterminé méchani-
» quement à faire telle ou telle
» action, en conséquence du
» degré de force, & du nombre
» plus ou moins grand des ébran-

» lemens produits par les images
» relatives ou contraires à cette
» détermination. »

Quand M. de Buffon m'aura fait comprendre comment une toile ſur laquelle on a peint un ſujet, ou le papier ſur lequel on l'a deſſiné, pouroient voir les images qu'ils nous repréſentent, il me fera concevoir comment cette rétine, verroit les objets qui y ſeroient peints; & comment le cerveau materiel des Animaux, voit les objets dont il porte l'image. Il pourroit ſuppoſer que chaque partie ſenſible de la toile colorée, ſentiroit la couleur dont elle ſeroit couverte, & je ne comprendrois pas encore, que ni la toile en total, ni aucune de ſes parties eût la viſion du tableau entier.

Il eſt encore extrêmement curieux de voir notre Phiſicien appliquer la doctrine du levier aux effets des ſenſations, Dans celui dont il parle, l'appui étant entre la puiſſance, & la partie miſe en mouvement par la puiſſance; l'équilibre, ou le non équilibre devroit être entre les deux branches : ici il le veut entre l'hipomoclion même, & la puiſſance.

P. 41. » Si le nombre des images pro-
» pres à faire naître l'appétit, ſur-
» paſſé celui des images propres à
» faire naître la répugnance, l'A-
» nimal ſera néceſſairement dé-
» terminé à faire un mouvement
» pour ſatisfaire cet appétit. » Cet appétit & ces répugnances ſont des effets méchaniques. Ne vous

y méprenez pas, s'il vous plaît, Monsieur; » & si le nombre ou » la force des images d'appétit » sont égaux au nombre ou à la » force des images de répugnance, l'Animal ne sera pas déterminé, il demeurera en équilibre entre ces deux puissances » égales, & il ne fera aucun mouvement, ni pour atteindre, ni » pour éviter. Je dis que ceci se » fera méchaniquement, & sans » que la *mémoire* y ait aucune » part; car l'Animal voyant en » même tems toutes les images, » elles agissent par conséquent » en même tems : celles qui sont » relatives à l'appétit, se réunissent, & s'opposent à celles qui » sont relatives à la répugnance, » & c'est par la préponderance,

» ou plûtôt par l'excès de la force » & du nombre des unes & des » autres, que l'Animal ſeroit, » dans cette ſuppoſition, néceſ» ſairement déterminé à agir de » telle ou telle façon. »

Pour ſentir combien tout ceci eſt inintelligible, il faut rapprocher de ces explications, d'autres éclairciſſemens que M. de Buffon donne ailleurs. L'ébranlement durable cauſé dans le cerveau par quelque ſens extérieur, » communique du mou-
P. 52. » vement à l'Animal; ce mouve» ment ſera déterminé, ſi l'im» preſſion vient des ſens de l'ap» pétit : ce mouvement peut » auſſi être incertain, lorſqu'il » ſera produit par les ſens, qui » ne ſont pas relatifs à l'appétit,

» comme l'œil & l'oreille. » Qu'eſt-ce qu'un mouvement incertain ? Celui dont la vîteſſe & la direction ne ſont pas déterminées, & c'eſt un mouvement nul, ou bien c'eſt un mouvement qui ſollicite tellement tous les nerfs, qu'il n'en détermine aucun à agir. » L'Animal qui voit ou qui » entend pour la premiere fois, » eſt à la vérité ébranlé par la lu» miere ou par le ſon ; mais ce » mouvement ne produira d'a» bord qu'un mouvement incer» tain, parce que l'impreſſion » de la lumiere ou du ſon, n'eſt » nullement relative à l'appétit ; » ce n'eſt que par des actes répétés » & lorſque l'Animal aura joint » aux impreſſions du ſens de la » vûe ou de l'ouie celles de l'o-

» dorat, du goût ou du toucher, » que le mouvement deviendra » déterminé, & qu'en voyant » un objet, ou en entendant un » son, il avancera pour atteindre, » ou reculera pour éviter la chose » qui produit ces impressions, » devenues par l'expérience re- » latives à ses appétits. » Ici, *l'attention à ne nommer les choses que par les termes les plus généraux, si propres*, selon M. de Buffon, *à contribuer à la noblesse du style*, est bien marquée; mais de quelle obscurité ne couvre-t-elle pas la Philosophie de l'Auteur?

Discours à l'Académie, p. 19.

L'expression de mouvement incertain, ne porte aucune idée; on ne se forme aucune image de la maniere dont un Animal réduit à une simple substance matérielle, joint aux impreſſions du ſens de la vûe & de l'oüie, celle de l'odorat, du goût ou du toucher; ce ne peut être, puiſqu'il s'agit de méchaniſme, qu'une combinaiſon du mouvement incertain que communique le ſens de la vûe, avec le mouvement certain que produiſent les ſens de l'appétit. Or, ces mouvemens que l'appétit même détermine, combien ſeroient-ils incertains, s'ils n'étoient pas dirigés par la vûe, qui ſert de guide dans la pourſuite des objets de tous les ſens? D'ailleurs, ce que nous avons appris par nos Obſervations, nous conduit-il à des léviers, à un hipomoclion? Enfin, qui conçoit qu'on puiſſe tirer quelque fruit de l'expérience, lorſqu'il n'y a ni mémoire, ni comparaiſon de ſenſations, ni aucune idée du paſſé. Car, comme vous le verrez dans la ſuite, Monſieur de Buffon enleve ces trois choſes aux purs Animaux.

P. 53. » Pour nous faire mieux en-
» tendre, ajoûte-t-il, conſidé-
» rons un Animal inſtruit ; un
» Chien, par exemple, qui,
» quoique preſſé d'un violent ap-
» pétit, ſemble n'oſer toucher,
» & ne touche point en effet, à
» ce qui pourroit le ſatisfaire ;
» mais en même tems, fait beau-
» coup de mouvemens pour l'ob-
» tenir de la main de ſon maître.
» Cet Animal ne paroît-il pas
» combiner des idées ? Ne pa-
» roît-il pas deſirer & craindre,

» en un mot raiſonner à peu près
» comme un Homme qui veut
» s'emparer du bien d'autrui, &
» qui, quoique violemment
» tenté, eſt retenu par la crainte
» du châtiment ? Voilà l'inter-
» prétation vulgaire de la con-
» duite de l'Animal ; » mais
voici l'interprétation du Philoſophe :

» Tout ce qui eſt relatif à leur P. 54.
» appétit (des Animaux) ébran-
» le très-vivement leur ſens in-
» térieur, & le Chien ſe jette-
» roit à l'inſtant ſur l'objet de cet
» appétit, ſi ce même ſens inté-
» rieur ne conſervoit pas les im-
» preſſions antérieures de dou-
» leur dont cette action a été pré- P. 55.
» cédemment accompagnée. »
Ces pauvres Animaux ſont bien

à plaindre ! Aucune douleur n'eſt paſſée pour eux, tout le mal qu'ils ont ſouffert leur eſt toujours préſent. » Les impreſ-« ſions extérieures ont modifié » l'Animal ; cette proïe qu'on » lui préſente n'eſt pas offerte à » un Chien ſimplement, mais à » un Chien battu ; & comme il a » été frappé, toutes les fois qu'il » s'eſt livré à ce mouvement » d'appétit. » Ce n'eſt pas qu'il s'en ſouvienne, mais l'ébranlement du cerveau cauſé par les coups, & qui produit un mouvement de répugnance, ſubſiſte toujours. » Les ébranlemens de » douleur ſe renouvellent. » L'Auteur ne ſe ſuit pas, car, ſelon ce qu'il nous a enſeigné, ces ébranlemens durent tou-

jours. » . . . . . . L'Animal étant
» donc poussé tout à la fois par
» deux impulsions qui se détrui-
» sent mutuellement, ... »
c'est-à-dire, les nerfs des jambes
ébranlés dans cet Animal le
sollicitant en même tems à fuir
& à avancer, » il demeure en
» équilibre entre ces deux puis-
» sances égales . . . . mais il
» se renouvelle en même tems
» dans le cerveau de l'Animal un
» troisiéme ébranlement, qui a
» souvent accompagné les deux
» premiers : c'est l'ébranlement P. 56.
» causé par l'action de son maî-
» tre, de la main duquel il a
» reçu souvent ce morceau qui
» est l'objet de son appétit ; &
» comme ce troisiéme ébranle-
» ment n'est contrebalancé par

» rien de contraire, il devient
» la cause déterminante du mou-
» vement. Le Chien sera donc
» déterminé à se mouvoir vers
» son maître, & à s'agiter jus-
» qu'à ce que son appétit soit sa-
» tisfait en entier. »

Vous n'attendez pas de moi, Monsieur, que je me donne la peine de réfuter une telle explication, qu'on n'employeroit pas plus heureusement que celles des Cartésiens. » On peut expliquer
Ibid.
» de la même façon & par les
» mêmes principes, toutes les
» actions des Animaux, quelques
» compliquées qu'elles puissent
» paroître, sans qu'il soit besoin
» de leur accorder, ni la pensée,
» ni la réflexion, leur sens inté-
» rieur suffit pour produire tous

» leurs mouvemens. » Par exemple, il expliqueroit avec la même facilité les badinages cruels du Chat par rapport à la Souris, dont je vous ai dit un mot en passant. Au reste, la partie du Discours que je vous analyse actuellement est très-fatiguante, & ne ressemble guéres à ce qui sort ordinairement de la plume de Monsieur de Buffon. Je souhaiterois fort que l'ennui que mon récit a pû vous causer, fût compensé par les assurances très-sinceres du tendre & respectueux attachement avec lequel je suis, &c.

XVIe. LETTRE.

Enfin l'Auteur va se développer, Monsieur, il va faire sortir son systême du cahos qui nous l'avoit caché jusqu'ici. » Il » ne reste plus qu'une chose à » éclaircir ; c'est la nature de » leurs sensations (des Animaux) » qui doivent être, suivant ce » que nous venons d'établir, bien » différentes dés nôtres. » Je ne vois point où M. de Buffon a établi cette différence ; si ce n'est dans un endroit que j'ai laissé en arriere, & qu'il est juste de vous rapporter. Il commence par une observation très-délicate & très-
P. 45. sensée. » L'Animal nous paroîtra

» d'autant plus actif & plus intel-
» ligent, que ses sens seront
» meilleurs ou plus perfectionnés.
» L'Homme, au contraire, n'en
» est pas plus raisonnable, plus
» spirituel, pour avoir beaucoup
» exercé son oreille & ses yeux.
» On ne voit pas que les person-
» nes qui ont les sens obtus, la
» vûe courte, l'oreille dure, l'o-
» dorat détruit ou insensible,
» ayent moins d'esprit que les
» autres; preuve évidente qu'il y
» a dans l'Homme quelque cho-
» se de plus qu'un sens intérieur
» animal : *celui-ci n'est qu'un orga-*
» *ne materiel, semblable à l'organe*
» *des sens extérieurs, & qui n'en*
» *différe, que parce qu'il a la pro-*
» *priété de conserver les ébranlemens*
» *qu'il a reçû.* L'ame de l'Hom-

» me, au contraire, eſt un ſens » ſupérieur, une ſubſtance ſpiri» tuelle intérieurement différen» te par ſon eſſence & par ſon » action, de la nature des ſens ex» terieurs. » Tout cela ne prouve pas que dans le ſiſtême de M. de Buffon, la nature des ſenſations des Animaux, ſoit bien différente de la nature des nôtres.

Pour vous en convaincre, liſez, Monſieur, ce qui ſuit immédiatement le paſſage que je
P. 46. viens de tranſcrire. » ce n'eſt pas
» qu'on puiſſe nier pour cela,
» qu'il y ait dans l'Homme un
» ſens intérieur, matériel, rela-
» tif, comme dans l'Animal aux
» ſens extérieurs : la conformité
» des organes dans l'un & dans

» l'autre, le cerveau qui eſt dans » l'Homme comme dans l'Animal, & qui même eſt d'une » plus grande étendue, relativement au volume du corps, ſuffiſent pour aſſûrer dans l'Homme, l'exiſtance de ce ſens intérieur matériel; mais ce que je » prétens, c'eſt que ce ſens eſt » infiniment ſubordonné à l'autre. La ſubſtance ſpirituelle le » commande, elle en détruit ou » en fait naître l'action : ce ſens, » en un mot, qui fait tout dans » l'Animal, ne fait dans l'Homme que ce que le ſens ſupérieur » n'empêche pas; il fait auſſi ce » que le ſens ſupérieur ordonne. » Dans l'Animal, ce ſens eſt le » principe de la détermination » du mouvement & de toutes

» les actions ; dans l'Homme, » ce n'en est que le moyen ou la » cause secondaire. » Trouvez-vous rien, Monsieur, dans ce long extrait, qui vous porte à penser que les sensations des Animaux soient fort différentes des nôtres ? Vous y voyez, au contraire, que le sens intérieur est le même dans l'Homme & dans les Animaux, quoiqu'il soit en nous plus étendu ; mais en nous il est soumis à l'ordre de l'âme. Nous discuterons ailleurs ce point important ; bornons-nous maintenant à celui que M. de Buffon veut éclaircir touchant la nature des Animaux.

P. 56. » Les Animaux, nous dira-» t-on, n'ont-ils donc aucune » connoissance ? Leur ôtez-vous

» la conſcience de leur exiſtan-
» ce, le ſentiment ? Puiſque
» vous prétendez expliquer mé-
» chaniquement toutes leurs ac-
» tions, ne les réduiſez-vous pas
» à n'être que de ſimples machi-
» nes, que d'inſenſibles auto-
» mates ? Si je me ſuis bien ex-
» pliqué. » Beaucoup trop dans un certain ſens, pas aſſez dans un autre. » Bien loin de tout ôter
» aux Animaux, je leur accorde
» tout, à l'exception de la pen-
» ſée & de la réflexion. » La volonté, par conſéquent, eſt auſſi un méchaniſme dans les Animaux. » Ils ont le ſentiment, ils
« » l'ont même à un plus haut dé-
« » gré que nous ne l'avons ; ils ont
« » auſſi la conſcience de leur exiſ-
« » tance actuelle ; mais ils n'ont

» pas celle de leur exiſtance paſ-
» ſée. » C'eſt ce point que nous examinerons en particulier. » Ils » ont des ſenſations ; mais il leur » manque la faculté de les com-» parer, c'eſt-à-dire, la puiſſance » qui produit les idées ; car les » idées ne ſont que des ſenſations » comparées, ou pour mieux di-» re, des aſſociations de ſenſa-» tions. »

Arrêtons-nous, Monſieur, à cette double prétention de M. de Buffon. Les Animaux ont des ſentimens, & n'ont point d'idées. C'eſt par l'organe intérieur que l'Animal eſt ſenſible ; c'eſt ainſi que penſe M. de Buffon : & comme tout ce qui ſe paſſe dans cet organe eſt purement méchanique, il faut dire dans les principes de l'Auteur, que le ſens de l'exiſtance, la vûe des corps, la perception des ſens eſt un effet méchanique. Or, quel eſt l'effet méchanique que l'Auteur nous fait reconnoître dans l'organe ſenſible ? C'eſt par exemple, la communication de l'impreſſion que les rayons ont faite ſur la rétine ; un certain ébranlement. Mais cet ébranlement n'eſt point une ſenſation ſur la rétine ; M. de Buffon ne le veut pas, on ne ſait pas pourquoi. La ſenſation eſt donc dans l'organe intérieur quelque effet méchanique, qui n'eſt pas dans la rétine. Or, l'organe intérieur ne différe, comme vous venez de voir, de la rétine, qu'en ce que les ébranlemens cauſés par la lumiere ſur la rétine, y ſont paſſagers, & que communiqués à l'organe intérieur, ils deviennent perſévérans. Nous pouvons donc conclure que la ſenſation qu'on éprouve dans la viſion eſt, non l'ébranlement cauſé, en premier lieu, par la lumiere, mais la perſévérance de cet ébranlement. Cette perſévérance dépend de la conſtruction particuliere du cerveau. Nous voilà donc bien au fait du méchaniſme dans lequel conſiſte la ſenſation de la viſion ou de couleur ; ce n'eſt pas l'ébranlement communiqué par la lumiere : ſi cela étoit, la rétine verroit; mais c'eſt la perſévérance de cet ébranlement.

Ne vous récriez-vous pas, Monſieur, ſur cette préciſion ſi

peu intelligible? La persévérance d'un Estre, est la continuation de ce même être & rien de plus. Un ébranlement persévérant n'est rien de plus en continuant d'être, que ce qu'il étoit dans son origine. Cet ébranlement étoit un certain ordre d'oscillations dans la rétine: voilà l'effet méchanique de la lumiere; il persévere dans l'organe intérieur, c'est-à-dire que les mêmes oscillations se succedent continuellement. A la bonne heure: mais la continuation de ces mouvemens alternatifs n'en sera autre chose que des oscillations persévérantes. Cela est si évident, qu'il est inutile d'insister. Dans les traits de rayons verds renvoyés par des feuilles, la molecule de lumiere qui frappe la rétine dans un point, a perseveré dans le ton d'oscillation qu'elle communique depuis son départ jusqu'à nous. Dira-t-on sérieusement qu'elle avoit la sensation de la couleur verte? Notre œil demeure fixé un quart d'heure sur le même objet, les ébranlemens causés par la lumiere envoyée par cet objet, ont persévéré durant un quart d'heure sur la rétine ; cette perséverance des mêmes oscillations dans la rétine, y deviendra-t-elle la sensation?

Dissipons toutes ces ténébres par un fait d'expérience. Ce fait est que le cerveau est insensible. Qu'aucune de ses parties ne sent les ébranlemens causés par la lumiere, par les ondulations de l'àir, &c. Je prie M. de Buffon de conſiderer quelque mignature, en petits points, un portrait ſur du vélin; ces points & les vuides blancs qui ſervent également à repréſenter la figure qu'on a voulu peindre, ſont rendus à la rétine par de petits chocs de traits lumineux, & une troiſiéme copie très-fidéle eſt encore portée par les eſprits animaux, qui tiennent lieu de différens pinceaux, en quelque endroit de notre cerveau. Probablement tout cela eſt ainſi, & ce n'eſt point auſſi ce que je conteſte à notre Auteur. Qu'il nous diſe bonnement quelle eſt la partie de ſon cerveau, qui eſt frappée par les eſprits animaux; s'il ſent les petits coups que les esprits portent à cette partie; les especes d'ébranlemens & d'oscillations que chaque trait d'esprits, correspondans à chaque point de la miniature y a causé. S'il peut nous répondre, il nous fera connoître les différens tons d'oscillation propres à chaque rayon rouge ou blanc ou bleu, &c. Et il ajoutera de nouvelles découvertes à celles de M. Newton, sur la nature de la lumiere. Mais il garde le silence, ou s'il parle, il conviendra, qu'il ne sent rien de tout cela; qu'il ne sent pas plus les ébranlemens persévérans dans son cerveau, que les ébranlemens instantanés. Sur cet aveu nous lui dirons que l'Animal pur, comme un Chien, ayant le *sen-*

ſorium, ou le ſens intérieur, comme l'appelle M. de Buffon, conſtruit comme le nôtre, nous n'avons aucune raiſon de penſer, que quelque patrie du cerveau de cet Animal ſente les ébranlemens qui lui ſont communiqués de la rétine, lorſqu'il voit un Lievre.

Quand même nous lui accorderions que les Bêtes voyent autrement que nous, & qu'elles ſentent les petits coups des traits des eſprits renvoyés de la rétine, s'en trouveroit-il plus à l'aiſe? Nous lui dirions : c'eſt donc dans ſon cerveau que le Chien voit le Liévre, & non au dehors de lui? C'eſt l'image du Lievre qui voit le Lievre, & non le Chien.

Nous irions plus loin encore.

Nous lui ſoutiendrions qu'il eſt impoſſible que l'endroit du cerveau où eſt le portrait du Lievre, voye ce portrait; j'ai déja fait ailleurs une obſervation ſemblable ; mais elle aura plus de force en nous ſervant du portrait d'un Lievre en miniature, peint auſſi ſur du vélin en petits points ; & nous demanderons à M. de Buffon, s'il eſt poſſible de concevoir que le vélin voye l'image qu'on a peinte ſur ſa ſurface. Les points colorés qui y demeurent attachés, valent bien la perſévérance des ébranlemens qui repréſentent le vrai Lievre dans une partie du cerveau du Chien. Je veux bien que chaque point du velin couvert par un point coloré, ſente la couleur ; je ne le conçois pas : mais pour faire plaisir à M. de Buffon, je supposerois volontiers l'impossible. Qui verra toute l'image ? Chaque point coloré ? Mais il ne sent que sa couleur ; & les intervalles blancs, qui concourent à former les nuances de la couleur de chaque partie, ne sentent rien que la couleur blanche qui leur est naturelle. Ne sera-ce point toute la superficie du vélin ? Mais cette superficie n'étant rien de plus que toutes ses parties, si aucune n'a la perception de l'image totale, rien de cette surface ne l'apperçoit. Il n'est pas nécessaire de faire l'application de cet exemple à la partie du cerveau du Chien, où l'image du Liévre est tracée ; elle est si naturelle, que ce feroit faire injure à votre pénétration, Monfieur, de vouloir vous en prouver la juftesse.

Il eft donc très-conftant que dans le fait, l'organe où retentiffent les impreffions des fens extérieurs, n'a aucune perception des ébranlemens qu'il reçoit en nous ; & que par analogie, il ne peut avoir dans les Bêtes aucune connoiffance des images empreintes fur le cerveau. Les Animaux voyent, comme nous, les objets au dehors de leur cerveau, à certaines diftances de leur corps : leur oreille eft frappée comme la nôtre, c'eft-à-dire, que le fon leur paroît venir de corps hors de leur cerveau. Or, fi la vifion ; fi l'oüie, &c. n'étoit que la perception de l'ébranlement que reçoit le cerveau, il eſt évident que la partie ébranlée de ce viſcere, ne connoîtroit, même dans l'hypothèſe de M. de Buffon, que ſa propre modification, & qu'elle n'auroit aucune connoiſſance d'objets qui lui ſeroient étrangers ; à moins que ſe regardant comme paſſive, elle n'eût l'idée d'une cauſe, qui auroit produit cette impreſſion ; & de la reſſemblance de la figure de cette cauſe, à celle de l'empreinte qu'elle auroit reçûe.

Mais notre Auteur prendroit-il ce parti-là, tout diſtrait qu'il eſt ſur les contradictions ? Non, il ne veut pas que les Animaux ayent des idées. Il faut pourtant qu'il leur en accorde bon gré, mal gré, s'il reconnoît des sensations dans leur sens intérieur; & pour le lui prouver, je me sers de la définition qu'il nous donne de l'idée, non pas que je l'admette, j'en suis bien éloigné; mais seulement pour lui faire voir que ses vûes se croisent, & qu'elles ne se réunissent jamais. Les idées ne sont, selon lui, que *de sensations comparées, ou pour mieux dire, que des associations des sensations*. Tenons-nous en à ce qui est le mieux dit, c'est le parti le plus sage; & puisqu'il reconnoît que le sens intérieur d'un Animal voit son objet, qu'un Chien voit son Maître, montrons-lui que dans cette vision est renfermée une association de sensations. Que ce Chien ne voye que le visage de son Maître, chaque point sensible de ce visage est peint dans son cerveau ; c'est donc une sensation particuliere ; l'ensemble de plusieurs de ces points, est l'image du nez, celui d'une multitude d'autres, est l'image des yeux. Mais ce n'est pas à un trait particulier que le Chien reconnoît son Maître, c'est à la réunion de tous ses traits, à sa phisionomie. Il est donc clair qu'il reconnoît son Maître, par l'association de sensations particulieres, qui en désignent chaque trait. Donc, selon la définition que M. de Buffon donne de l'idée, la connoissance de la phisionomie de son Maître, est pour le Chien une idée, & une idée proprement dite.

De plus, quand le Chien voit ſon Maître dans l'éloignement, ne voit-il pas une diſtance, & la diſtance n'eſt-elle pas apperçûe par la vûe de tous les points ſenſibles interpoſés entre ſon Maître & lui. Nouvelle aſſociation de ſenſations, nouvelle idée par conſéquent. Et de plus aſſociation de l'idée de ſon Maître, & de l'idée de diſtance. C'eſt cette vûe de diſtance qui fait ſentir au Chien, de l'inquiétude de s'en voir éloigné; de-là, le deſir de ſe mettre à portée de le careſſer. Il compare donc ſa ſituation préſente à l'égard de ſon Maître, à une ſituation future, à laquelle il aſpire; il s'en voit trop loin, il s'en rapproche. Vous voyez, Monſieur, juſqu'où je pourrois pouſſer

pousser les détails. Mais si je m'en tenois-là, je ne ferois pas sentir à M. de Buffon, tout le vice de son systême ; il faut encore lui faire voir des associations de sensations d'especes différentes. Un Chien voit un Lievre, il reçoit par le nez l'odeur des pistes de cet Animal. A qui est rapportée cette odeur ? N'est-ce pas au Lievre que le Chien poursuit ? Le Chien voit un morceau friand que son Maître lui présente, l'odeur l'affecte & le tente, il sent le rapport de cette odeur, avec la sensation de faim qu'il éprouve ; il voir le maintien composé de son Maître qui veut l'arrêter ; il entend cette formidable parole, *tout beau* ; qui le tient en respect. C'est l'ensemble de ces différentes ſenſations, s'il en a, qui l'arrêtent. Voilà donc une grande aſſociation de ſenſations d'un ordre différent, & par conſéquent, ſelon la doctrine de Monſieur de Buffon, une idée complexe.

J'avois fait obſerver quelque choſe de plus dans mes premieres Lettres; mais j'ai tout lieu de croire que Monſieur de Buffon les a parcourues bien rapidement. Je lui avois fait remarquer, que ſi les Animaux ont des ſenſations, elles renferment même des abſtractions. J'avois dit qu'ils ne voyent point autrement que nous, dans cette hypothèſe, qu'ils ne voyent point les grandeurs abſolues, mais les grandeurs relatives;

qu'ils ne connoiſſent pas préciſément entre deux objets inégaux, l'excès de l'un ſur l'autre, mais ſeulement que l'un eſt plus grand que l'autre. Or, cette indétermination renferme une idée générale, parce que l'objet en eſt vague. Je lui avois fait encore obſerver, que l'Animal cherchant ſa ſubſiſtance, ne cherche pas une nourriture déterminée & numérique; mais quoique ce ſoit, qui eſt propre à le ſoutenir, & que dans ce cas on ne pouvoit pas douter que ſon deſir de repaître, n'eût pour objet une nourriture indéterminée, & par conſéquent ne fût lié à une idée générale. Mais toutes ces obſervations ne méritent pas l'attention de notre

Philoſophe, quoiqu'elles ayent frappé plus d'un Lecteur.

P. 58. Il reconnoît dans les Animaux » une faculté qu'ils ont bien ſu- » périeurement à nous, de diſ- » tinguer ſur le champ & ſans au- » cune incertitude, ce qui leur » convient, de ce qui leur eſt » nuiſible. » Et il ne veut pas qu'ils ayent l'idée de convenan- ce. » Les Animaux, conclut-il, » ont donc, comme nous, de » la douleur & du plaiſir. » Pla- cent - ils la douleur dans les membres bleſſés, ou dans le ſens intérieur, dans le cerveau ? Comment cette partie attri- bueroit - elle le déſagrément de ſes ébranlemens au pied qui eſt à une ſi grande diſtance d'elle ? L'erreur ſeroit-elle auſſi un effet

méchanique, le résultat d'un choc? » Ils ne connoissent pas Ibid.
» le bien & le mal, dit-il, mais
» ils le sentent. « Cette précision vous éclaire-t-elle beaucoup, Monsieur? « Ce qui leur
» est agréable est bon, ce qui
» leur est désagréable est mau-
» vais. L'un & l'autre ne sont
» que des rapports convenables
» ou contraires à leur nature, à
» leur organisation. » Mais l'Animal sent l'agrément ou le désagrément, il sent la convenance ou la disconvenance des ébranlemens qu'il éprouve par rapport à son organisation. Or, sentir des rapports & les connoître, sont-ce deux choses différentes?

» Le plaisir que le chatouille- Ibid.
» ment nous donne, la douleur

» que nous cauſe une bleſſure, » ſont des douleurs & des plaiſirs » qui nous ſont communs avec » les Animaux, puiſqu'ils dé» pendent abſolument d'une » cauſe extérieure matérielle, » c'eſt-à-dire, d'une action plus » ou moins forte ſur les nerfs, » qui ſont les organes du ſenti» ment. Tout ce qui agit molle» ment ſur ces organes, tout ce » qui les remue délicatement, » eſt une cauſe de plaiſir. » Ceci n'eſt pas fort exact; les viandes inſipides ne ſont déſagréables au goût, que parce qu'elles ont peu de ſels, & que ces ſels agiſſent trop mollement ſur les houppes nerveuſes, deſtinées à l'uſage du goût. Mais, ne laiſſons pas échapper l'aveu précis qu'il fait, que nos ſenſations ſont de la même nature que celles des Animaux. » Tout ce qui les ébranle (les organes) » violemment, » tout ce qui les agite fortement, eſt une cauſe de douleur. Toutes les ſenſations » ſont donc des ſources de plaiſir, tant qu'elles ſont douces, » tempérées & naturelles. Mais, » dès qu'elles deviennent trop » fortes, elles produiſent la douleur, qui, *dans le phyſique, eſt* » *l'extrême plûtôt que le contraire* » *du plaiſir.* » Motif conſolant pour un gouteux ; conſolez-vous, lui dira-t-on, vous avez atteint l'extrême du plaiſir.

Le P. Malebranche avoit obſervé, fort judicieuſement, que nos ſenſations de plaiſir & de douleur different essentiellement; mais qu'il n'en est pas de même de l'ébranlement ou de l'état des nerfs qui les occasionnent. Cette différence est encore plus marquée entre les sensations de divers ordres. Quel rapport y a-t-il entre la sensation de couleur & le son; entre une de ces sensations & le goût; entre le tact, le chatouillement, une douleur vive & la vûe d'un œillet? Mais dans la doctrine de Monsieur de Buffon, toutes ces sensations ne doivent différer que du plus ou du moins, parce que ce sont des ébranlemens, (différens à la vérité, mais cependant comparables entr'eux) des fibres médullaires du cerveau. Il se suit donc ici, ce qui ne ne lui eſt pas ordinaire, dans ſa maniere de Philoſopher, lorſqu'il ſoutient contre le P. Malebranche & l'expérience de tous les hommes, que les ſenſations ne different que du plus au moins, par la promptitude des vibrations, & par la direction des mouvemens. Si nous pouvions connoître une molecule du rayon rouge, & l'ondulation de l'air d'où réſulte un ton de Muſique, nous pourrions comparer la célérité, la direction, la force & la ſenſation du choc de l'un & de l'autre. Or, les ſenſations n'étant, ſelon notre Auteur, que les ébranlemens continus tels qu'ils ont été imprimés ſur l'organe de l'œil ou de l'oreil, &c. ſi le cerveau les ſent enſemble, il ſent la différence du plus au moins dans la force du choc, de la lumiere & du ſon; il ſent la différence du ton des vibrations, & la maniere dont il en eſt frappé. Ainſi, ces ſenſations ne peuvent être pour le cerveau, ſuppoſé ſenſible, des ſenſations eſſentiellement différentes, mais de ſimples mouvemens. Il eſt fâcheux pour Monſieur de Buffon que l'expérience dépoſe le contraire, & que nous éprouvions autant de différence entre une couleur, un ſon, une ſaveur, une douleur, qu'entre le mouvement & le repos.

Cette doctrine ſi extraordinaire de Monſieur de Buffon, entraîne, de ſa part, des réflexions encore plus étonnantes. Il

prétend, & généralement parlant, cela eſt vrai, que dans les Animaux la ſomme des plaiſirs eſt plus grande que celle de la douleur. L'amour de l'exiſtence contrebalance ordinairement le déſagrément ou le pénible de nos ſituations. Le plus ſouvent on aime mieux ſouffrir que mourir. Mais l'Auteur conclut de cette vérité d'expérience, & je ne ſçai de quel principe naît ſa conſéquence. » Ce n'eſt donc que P. 60. & 61.
» par le plaiſir qu'un Eſtre ſen-
» tant, peut continuer d'exiſter;
» & ſi la ſomme des ſenſations
» flatteuſes, c'eſt-à-dire, des
» effets convenables à ſa natu-
» re, ne ſurpaſſe pas celles des
» ſenſations douloureuſes, ou
» des effets qui lui ſont contrai-

» res, privé de plaiſir, il langui-
» roit d'abord, faute de bien;
» chargé de douleur, il périroit
» enſuite, par l'abondance du
» mal. »

Cette réflexion, ſi elle avoit quelque ſolidité, ſeroit bien autrement efficace pour raſſurer les impies ſur les peines éternelles, que ne le ſeroit l'avis charitable qu'on donneroit à un gouteux, de penſer que ſa douleur n'eſt que l'extrême du plaiſir. C'eſt peut-être cette ſinguliere idée qui lui a fait dire dans ſa déclaration à la Sorbonne, qu'il regardoit comme un miracle, les douleurs des réprouvés. Quoiqu'il en ſoit, je conçois très-bien, qu'une machine qui éprouvera une ſomme de mouvemens contraires à ſon action, plus grande que la somme des mouvemens qui la favorisent, doit être détruite ; mais je ne conçois pas de même qu'un Estre sensible, doive périr en cessant d'exister agréablement, ou à force d'éprouver une situation pénible.

Nous sommes dédommagés des incompatibilités que nous venons de trouver dans le systême de M. de Buffon sur les sensations, par de très-beaux morceaux de morale qui les suivent. Le malheur de l'homme sensuel y est peint de main de Maître. Le bonheur du Sage y est présenté de maniere à inspirer du goût pour la sagesse. On y insiste un peu trop sur l'intempérance de l'Homme, en l'opposant à la p. 62. & 63.

ſobriété des Animaux dans l'uſage du plaiſir. Les Chiens en particulier, ſont gourmands & voraces, abuſent de la permiſſion qu'on leur donne de courir, &c.

Adieu, Monſieur, j'aurai encore occaſion de revenir ſur le parti que M. de Buffon a pris de refuſer aux Animaux toute connoiſſance, quoiqu'il leur accorde des ſenſations. Mais j'examinerai auparavant ce qu'il enſeigne touchant la conſcience de l'exiſtence qu'il leur donne. Je ſuis avec zéle, &c.

XVIIe. LETTRE.

QUand M. de Buffon vous a appris, Monſieur, que les Animaux, quoique purement matériels dans tout ce qu'ils font, ont des ſenſations, vous vous êtes probablement attendu qu'il leur accorderoit auſſi la conſcience de leur exiſtance : ſouffrir, c'eſt ſe ſentir exiſter avec douleur ; éprouver du plaiſir, c'eſt goûter ſon exiſtance ; voir, c'eſt ſe ſentir apperçevant des objets, &c. Toute perception eſt un mode ſenti de notre propre exiſtance. M. de Buffon a ſaiſi toutes ces conſéquences ; il a ſenti que, comme il implique qu'une maniere d'Eſtre numerique, réelle, actuelle, n'appartienne à aucun Estre existant; il implique qu'une substance ait la conscience de sa maniere d'exister, sans avoir celle de son existence.

Discours a l'Académie Françoise.

Mais ici, il se sert d'une expression trop générale. Quand il donne à l'Animal la conscience de son existance, on ne sait s'il l'accorde à toute la collection des membres de l'Animal; ensorte que la machine entiere sente son existance totale, & chaque membre particulier la sienne, ou bien à une seule partie, à ce qu'il appelle le sens intérieur. Il est vrai qu'ayant d'abord avancé que les sens extérieurs, comme l'œil, l'oreille, l'organe du toucher répandu sous toute l'habitude de la peau, dans les muſcles mêmes intérieurs, n'ont aucune ſenſation; on eſt déterminé à juger qu'il a voulu attacher au cerveau ſeul, la conſcience de l'exiſtance. Mais cette généralité dans les termes eſt un reſſource pour M. de Buffon.

Cependant ne lui prêtons pas le ridicule de déferer au préjugé naturel, qui nous fait placer la douleur dans nos membres malaffectés, & penſons que c'eſt à ce qu'il appelle le ſens univerſel, qu'il attribue la conſcience de l'exiſtence dans les Animaux. Nous aurons encore bien des choſes à éclaircir. Car dans le cerveau ſont des plexus de veines, d'arteres, de vaiſſeaux limphatiques, & les liqueurs qui les rempliſſent, en font certainement la partie la plus conſidérable. Ce ne ſera néanmoins à aucune de ces choſes, que M. de Buffon accordera la conſcience de l'exiſtence. Ce ſera probablement à des parties totalement imperceptibles, à de petites fibres, à de petits filets nerveux, que les Anatomiſtes ſuppoſent être l'origine de la ſubſtance renfermée dans la tunique d'un nerf. Ainſi, l'organe qui eſt ſenſible à ſon exiſtence, n'eſt point un volume compris ſous une ſeule ſurface; c'eſt un entrelaſſement de fibres inviſibles, dont les vuides & les intervalles ſont remplis par tous les vaiſſeaux ſervans à la végétation, à la nourriture, aux circulations, & aux ſécretions des liqueurs, dans le viſcere total. De la mie de pain extrêmement levé, dont les trous, que l'on appelle communément des yeux, ſeroient très-grands, & la ſubſtance même de la mie, qui ſeroit un composé de filets imperceptibles, ne repréſenteroit pas mal la partie du cerveau formée de filets nerveux & dégagée de tout ce qui lui ſeroit étranger, comme des vaiſſeaux propres à la végétation, &c. une quantité de crins friſés, comme on les prépare pour les employer dans différens meubles, exerçant tous leur reſſort, entrelaſſés & laiſſant de grands vuides entre eux, en ſuppoſant que le diametre de chacun de ces crins ne ſeroit que la milliéme partie de celui d'un fil d'Araignée, exprimeroit encore mieux cet organe ſenſible. Ces images repréſentent fort groſſierement le résultat de tous les filets nerveux, dont le tiſſu forme ce que M. de Buffon appelle le ſens intérieur; mais elles ne donnent pas la moindre idée de l'art admirable avec lequel il eſt conſtruit.

Maintenant que notre objet eſt débarraſſé de tout ce qui nous le cachoit, nous pouvons faire quelques queſtions à M. de Buffon. C'eſt donc ce tiſſu lâche, mais dont la conſtruction merveilleuſe nous eſt totalement inconnue, qui ſent ſon exiſtence, & dans notre cerveau, & dans celui de l'Animal. L'Animal ne peut nous en inſtruire ; le ſcalpel dans la main du plus habile Anatomiſte, ne dépouillera pas cet organe de ce qui lui eſt étranger; mais vous, Monſieur, chez qui cet organe ſe ſent, vous pouvez certainement nous le dépeindre : puiſqu'il ſent ſon exiſtence, il ſe démêle de tout ce qui eſt autour de lui, de tout ce qui remplit les vuides que forment les entrelaſſemens de ces différens rameaux ; & comme la conſtruction de chacun de ces filets, & la maniere dont ils ſont croiſés, noués, entortillés, eſt ce qui en fait telle machine, tel organe ; que cette conſtruction organique eſt ce qui le rend ſenſible à l'exiſtence, ſelon vous, il nous dévoilera, par votre bouche, tout l'art qui y eſt employé, dont nous autres hommes, pires en cela que les Bêtes, n'avons ni la moindre idée, ni la moindre ſenſation.

Quand l'Auteur voudroit adopter les ſoupçons de tous les Phiſiologiſtes, & reconnoître qu'il eſt une ſeule partie du cerveau, où tous les filets dont chaque nerf eſt composé, & ceux de tous les nerfs ſont réunis, pour y compoſer ce que quelques uns appellent le *ſenſorium*, l'organe, occaſion immédiate de toutes les ſenſations; il pourroit le débarraſſer d'une partie de ces vaiſſeaux étrangers, nutritifs & ſecretoires & non de tous ; puiſque cet organe, à quelque petiteſſe qu'on voulût le réduire, auroit besoin de nourriture ; mais l'embarras seroit toujours le même. Le plexus, ce tissu de fibres médullaires nerveuses, n'est le sensorium que par la maniere dont il est formé, puisque, selon M. de Buffon, l'arrangement organique est ce qui le rend un sens intérieur. S'il sent son existence, il sent non-seulement la quantité de matiere individuelle qui lui est propre (Insistez, je vous prie, Monsieur, sur cette observation) mais encore la façon d'être, qui le rend sensible, sa propre construction, en un mot ; & il peut s'en rendre compte à lui-même. Cependant le nôtre ne nous apprend rien de tout cela. En nous, cet organe ne se distingue d'aucune autre partie de la masse du cerveau, il ne ſent ni la quantité de ſa matiere individuelle, ni le nombre de ſes fils, ni leurs longueurs reſpectives, ni leurs diametres, ni leurs contours, ni leurs entrelaſſemens, ni leurs courbures &c. rien, en un mot, de ce qu'il eſt. Il ne ſent ni ébranlemens, ni oſcillations, ni percuſſions de la part des eſprits qui y ſont renvoyés des organes extérieurs.

Ces faits tirés de l'expérience, ſuffiſent aſſurément pour démontrer à M. de Buffon, qu'il n'eſt aucun organe dans notre cerveau qui ſente ſon exiſtence, & auquel on puiſſe rapporter les ſenſations. Ceux qui voudroient repartir le ſens de l'exiſtence ſur tout le corps, n'auroient pas plus

d'avantage

d'avantage que ceux qui le concentrent en quelque point du cerveau, en confondant le sens de la coexistence de notre corps, avec celui de l'existence de notre ame. C'est le parti désespéré des Matérialistes ; lorsque privés de toutes les ressources qu'ils se promettoient de l'anatomie, ils se trouvent réduits à faire valoir les préjugés de notre enfance. J'ai la goutte au pied gauche, disent-ils ; ce pied ne sent-il pas alors que l'existence lui est à charge ? Mais si ce pied sent son existence, ce n'est ni la chair, ni la peau, ni les veines, ni les arteres, ni les os qui la sentent. Voilà le pied : ce sont les nerfs qu'une humeur mordicante picotte. Ces nerfs se distinguent-ils du reste du pied? Sentent-ils l'effet méchanique de cette humeur âcre sur eux, le genre de mouvement qui leur est communiqué? Rien de tout cela : il n'y a cependant que ces nerfs qui soient vrais organes de la sensation. Or, ils ne connoissent ni ne sentent leurs ramifications, leurs figures, leur ébranlement, leur diamettre, leur longueur, leur extension, ni en ligne droite, ni en ligne courbe; les houpes qu'ils fournissent au tissu de la peau, ne se sentent ni ne se connoissent. Ce sont des vérités contre lesquelles l'entêtement le plus obstiné ne peut tenir. Votre corps se sent exister, & vous avez besoin de vos yeux pour connoître les limites de votre corps, comme pour vous aſſurer de celles des corps étrangers, & il faut que vous employiez un miroir pour connoître votre phiſionnomie, & vous ne vous y fiez qu'autant que vous avez éprouvé ſur d'autres objets, la bonté & la fidélité de votre miroir.

Mais les ennemis de M. de Buffon & les nôtres, je veux dire les Matérialiſtes, ne ſe rendent pas à ces preuves inconteſtables de fait. Ils ne parlent que de faits, ils réduiſent toute la Philoſophie à ce ſeul ordre de vérités; quand ils ſoutiennent leur doctrine devant ceux qui n'ont pas plus réfléchi ſur les phénoménes, qu'ils les ont étudié eux-mêmes. Sont-ils forcés dans ce poſte ? Ils ont recours aux poſſibilités : M. de Buffon les favoriſe en prétendant qu'une ſorte de méchaniſme ſuffit abſolument pour rendre une portion de matiere ſenſible à l'exiſtence : il réaliſe ce que M. Looke n'avoit propoſé que comme une hipothèſe, quoiqu'il reſtraigne cette même hipothèſe, en refuſant la penſée à la matiere. Mais ils ſentent trop bien (les Matérialiſtes) que j'ai eu raiſon de ſoutenir à M. de Buffon que ſi l'on donne le ſens de l'exiſtence à une molecule de matiere, elle deviendra dès-lors ſuſceptible de toutes les propriétés des eſprits. Ils regarderont comme une excellente découverte, le fond de la doctrine de M. de

Buffon, & se moqueront de ses restrictions. Je leur prouve que dans le fait, M. de Buffon se trompe; qu'il ne sent en aucune façon ces petits rameaux, qu'on peut regarder comme les racines des nerfs, & dont l'entrelassement fait probablement l'organe de la sensation. Au moins, diront-ils, on n'a pas démontré que la prétention de M. de Buffon implique contradiction. Je crois l'avoir fait dans *les élémens de la métaphisique*, & je le répete, parce qu'on ne peut trop le répéter, vû la multitude que l'hipothèse de M. Looke a séduite.

Non, ce composé des racines des nerfs ne peut sentir son existence, fût-il même vrai que chaque fibrille du tissu dont nous parlons, ſentît la ſienne particu-liere. Car alors tous ces petits fi-lets ſentant l'exiſtence & combi-nés, reſſembleroient à une ar-mée ; chaque filet repréſenteroit un ſoldat. Or, chaque ſoldat dans une armée, ſent ſon exiſ-tance d'une maniere qui exclut tout motif de doute ; & c'eſt en cela que conſiſte la conſcience de l'exiſtence, qu'elle exclut même la poſſibilité du doute : ce ſoldat pourroit bien ſavoir qu'il y a 100000 hommes dans l'armée, & qu'il en eſt un. Mais cette connoiſſance de tous les autres ſoldats, n'eſt pas plus une conſ-cience de leur exiſtence, que la vûe d'une armée navale eſt la conſcience de l'exiſtence des Vaiſſeaux qui la compoſent : je pourrois exiſter, voir des Vaiſſeaux, quoiqu'il n'y en eût pas, car cette connoiſſance n'exclut pas tout motif de doute ; je ne pourrois dire l'une de ces deux choſes, ou je ſens l'exiſtence de ces Vaiſſeaux comme la mienne, ou bien il eſt auſſi impoſſible que ces Vaiſſeaux n'exiſtent point, quand j'en ai l'image tracée ſur ma rétine, qu'il eſt impoſſible que je me ſente exiſter, & que je n'exiſte pas.

Ceci étant bien conçû, il eſt donc vrai que chaque ſoldat dans une armée, auroit la conſcience de ſa propre exiſtence, & qu'aucun n'auroit la conſcience de l'exiſtence de l'armée. Donc dire qu'une armée a la conſcience de ſon exiſtence, c'eſt dire que c'eſt une multitude dont aucun des individus qui la compoſent, ne ſent l'exiſtence totale par conſcience, & qui ſent cependant ſon exiſtence totale par conſcience. Or, comme cette multitude n'eſt rien au de-là du nombre de ceux qui la compoſent ; ce ſeroit donc le néant qui auroit la conſcience de l'exiſtence de toute l'armée.

Que chaque fibrille du ſens intérieur repréſente un ſoldat, que le total de ces fibrilles, l'organe entier repréſente l'armée, & vous verrez, Monſieur, qu'il eſt impoſſible qu'un organe, qu'une machine combinée comme on voudra, ſente ſon exiſtence. Ajoutons, contre M. Looke, qu'il eſt impoſſible de penſer, qu'on qu'on ne ſe ſente penſant, qu'on ne ſe ſente exiſter; & vous conviendrez, Monſieur, qu'un amas de matiere ne peut être combiné de maniere à pouvoir penſer.

Mais de plus, chaque fibrille du cerveau eſt une machine, elle eſt compoſée de points phiſics; elle repréſente encore une armée dont les points phiſics repréſentent les ſoldats. Le raiſonnement que je viens de faire, ſera donc encore une démonſtration contre la ſuppoſition que j'ai faite, que chaque fibrille avoit la conſcience de ſon exiſtance. Vous ſerez donc contraint de réduire la matiere à un point mathématique, n'ayant réellement ni parties ni aſpects quelconques, ni ſuperficie, pour lui ſuppoſer le ſentiment de l'exiſtance; ce ſera alors la pure unité indiviſible, qui ne ſera ni machine ni matiere.

M. de Buffon a pû voir ce raiſonnement dans les Elémens Métaphiſiques, penſe-t'il qu'il eſt au deſſous de lui de s'y rendre? Eſt-ce qu'il eſt moins honorable de céder à la raiſon qu'à la Sorbonne; la déclaration qu'il lui a envoyée, eſt ſans-doute édifiante; mais je voudrois qu'il fît cette réflexion, que cette déclaration ne fera jamais tant de favorables impreſſions ſur les Matérialiſtes, pour les ramener, que ſa doctrine des ſenſations & de la conſcience de l'exiſtence réduites à de pures combinaiſons méchaniques, leur en fera de dangéreuses, dont ils pourront tirer avantage. C'est une considération que je ne pousserai pas plus loin.

Vous vous appercevez, Monsieur, que je n'ai cité aucun texte de notre Auteur, dans lequel il essaye au moins de prouver que les Animaux ont le sens de l'existence, c'est que réellement il n'en donne aucune raison. Peut-être croit-il que le simple préjugé qui nous porte à reconnoître des sensations dans les Animaux sur les signes qu'ils en donnent, suffit pour établir son opinion. Mais ce préjugé même le méneroit plus loin qu'il ne voudroit ; car si les Animaux donnent des signes de sentiment, on en concluera bien plus légitimement qu'ils ont une âme, que non pas qu'une certaine maniere, dont les filets médullaires & nerveux ſont tiſſus, tendus, ébranlés, eſt la conſcience de leur exiſtence, ou une vraye ſenſation.

Mais il s'attache à prouver un tout autre paradoxe, & qu'il ne doit certainement à aucun Phi-
P. 71. loſophe. Le voici. Les Animaux » ont la conſcience de leur exiſ» tence actuelle; mais ils n'ont » pas celle de leur exiſtence paſ» ſée. » C'eſt-à-dire qu'un Chien, par exemple, eſt toujours un nouvel Eſtre pour lui-même. Cette propoſition eſt complexe, nous en avons réfuté la premiere partie, ſavoir, que l'organe ſenſible a la conſcience d'exiſtence; il

n'eſt pas néceſſaire de démontrer le faux de la ſeconde ; puiſqu'elle ne peut être vraye, qu'autant qu'il ſeroit prouvé que le cerveau a la conſcience de ſon exiſtence. Je ne ferai donc que vous expoſer, pour vous délaſſer, (& vous devez en avoir beſoin, Monſieur,) la maniere dont il ſoutient ſon paradoxe.

Il commence ainſi. » La conſ- Ibid.
» cience de ſon exiſtence, ce ſen-
» timent intérieur qui conſtitue
» le *moi*, eſt compoſé, chez nous,
» de la ſenſation de notre exiſten-
» ce actuelle, & du ſouvenir de
» notre exiſtence paſſée. » Cette compoſition me paroît ſinguliere : ſi elle étoit eſſentielle à la conſcience de l'exiſtence, Adam au premier inſtant de ſa vie, ne

l'avoit pas ; il ne pouvoit pas dire *moi*. Mais la conſcience de notre individualité eſt telle, que nous nous ſentons le même être, qui a ſubſiſté durant une certaine ſuite d'années. » Ce ſouvenir, ajoute-t-il, eſt une ſenſation tout » auſſi préſente que la premiere... » Et comme ces deux eſpeces de » ſenſations ſont différentes, & » que notre ame a la faculté de les » comparer, & d'en former des » idées ; notre conſcience d'exiſ» tence eſt d'autant plus certai» ne, & d'autant plus étendue, » que nous nous repréſentons » plus ſouvent & en plus grand » nombte les choſes paſſées ; & » que par nos réflexions, nous les » comparons & les combinons » davantage entre elles, & avec

» les chofes préfentes. » Les années écoulées augmentent notre durée paffée, mais qu'elles nous rendent plus certains de notre exiftance actuelle, c'eft ce qu'on ne pafferoit pas même dans une déclamation.

Il continue. » Chacun confer- P. 72.
» ve dans foi-même un certain » nombre de fenfations relatives » aux différentes exiftences, » c'eft-à-dire, aux différens états » où l'on f'eft trouvé, ce nombre » de fenfations eft devenu une » fucceffion, & a formé une fuite » d'idées, par la comparaifon » que notre ame a faite de fes » fenfations entre elles. C'eft » dans cette comparaifon de » fenfations que confifte l'idée du tems. » Qui ne croyoit pas,

avant M. de Buffon, que l'ame n'étoit que ſimple ſpectatrice du paſſé, quand elle le rappelloit dans ſa mémoire; qu'elle voyoit (étant en cela purement paſſive) la ſuite des ſenſations, dans l'ordre qu'elle les avoit éprouvées, & qu'elle ne diſpoſoit pas de cet ordre. L'idée du tems, une comparaiſon de ſenſations! La durée de notre être, l'ouvrage de nos réflexions! Cependant quelle peine n'avons-nous pas, lorſque nous rappellant quelque événement qui nous eſt arrivé, nous nous efforçons de le rapporter à ſon époque préciſe? Si nous étions faits comme M. de Buffon le ſuppoſe, l'ame maîtreſſe de l'ordre des événemens auxquels elle a eu part, leur marqueroit ſans embarras la place qui leur convient.

Il étale enſuite des réflexions fort peu philoſophiques ſur la variété des eſprits, qu'il rapporte non á la différence des organes du cerveau, mais à des qualités diverſes de ces mêmes eſprits, aux trempes différentes des ames, comme il s'exprime: il conclut. » Il eſt évident que plus » on a d'idées, » c'eſt-à-dire, ſelon lui, » plus on a comparé de » ſenſations, & plus on eſt ſûr » de ſon exiſtence ; que plus on » a d'eſprit, plus on exiſte ; qu'en- » fin, c'eſt par la puiſſance de ré- » fléchir qu'a notre ame, & par » cette ſeule puiſſance, que » nous ſommes certains de nos » exiſtences paſſées, & que nous

P. 73.

» voyons nos exiſtences futures. »
Mais ſur quoi tombent les réflexions dont il parle ? Sur des événemens paſſés ? C'eſt donc ſur l'idée du paſſé. Ainſi il implique que ces mêmes réflexions forment l'idée du paſſé

Quelle ſatisfaction ne ſentiriez-vous pas, Monſieur, ſi vous pouviez vous approprier les penſées dont M. de Buffon vient de nous faire part, lorſque vous vous compareriez à un de vos negres, que le pauvre miſérable vous paroîtroit peu ſûr de ſon exiſtence, qu'il exiſteroit peu. Parlons plus ſérieuſement. Le ſens de l'exiſtence ne renferme-t il pas une certitude toute auſſi pleine que celle qui nous vient de l'évidence ? Y a-t-il du plus ou du moins, quoiqu'il y en ait dans la maniere de ſe ſentir exiſter? Quelle Philoſophie! Je ne ſuis plus ſurpris de trouver des ames ſi fieres & ſi vaines; elles penſent que leur ſubſtance eſt d'une autre nature que les ames ordinaires; elles ſe croyent fondées à regarder les autres hommes comme des Eſtres nuls vis-à-vis d'elles.

Comment penſez-vous, Monſieur, que notre ame immortelle de ſa nature, voit ſes inſtans futurs d'exiſtence? C'eſt encore p. 75. l'effet de la force qu'elle a de comparer. » L'idée de l'avenir » n'étant que la comparaiſon in» verſe du préſent au paſſé; puiſ» que dans cette vûe de l'eſprit, » le préſent eſt paſſé, & l'avenir

» eſt préſent. » Que penſez-vous de ce raiſonnement, Monſieur? C'eſt-à-dire, je prévois qu'il y aura un Jubilé en 1800, parce que je regarde l'inſtant préſent comme paſſé, & l'an 1800 comme préſent. Vous avez beaucoup d'eſprit, Monſieur; mais convenez que vous n'auriez jamais rien imaginé de ſi lumineux.

Mais, inſiſtons ſur la connoiſſance que nous avons du paſſé; l'Auteur ne prouve point que ce ſoit le réſultat de la comparaiſon des idées, mais il l'affirme, & ſans le moindre fondement: car, nous avons l'idée du paſſé dans le ſommeil (je vous en parlerai dans peu) & dans ces momens d'inertie où rien ne nous occupe, où nous ne réfléchiſſons ſur rien, où nous écartons toute ſorte de connoiſſance, où n'étant affectés d'aucune ſenſation, nous nous préparons à dormir ou à méditer, dans ce qu'on appelle les rêves à la Suiſſe, dans les létargies, dans les tranſports au cerveau. Demandez à ceux qui ont éprouvé ces différens états, ſi la derniere penſée qu'ils ſe rappellent de celles qu'ils ont eue, avant leur accident, précede immédiatement l'inſtant où vous leur parlez ? Ils vous répondront tous que non, quoiqu'ils ne puiſſent déterminer la durée de l'intervalle. Donc il leur reſte de leur état même l'idée du paſſé, celle de tems écoulé ; & ce tems ne peut être la comparaiſon de ſenſations qu'ils n'ont pas éprouvées, ou qu'ils ont totalement oubliées.

Monſieur de Buffon nous ra-
P. 75. mene aux Animaux. » Cette » puiſſance de réfléchir ayant » été refuſée aux Animaux, » s'ils ſentent leur exiſtence, ils ſe ſentiront les mêmes individus qu'ils étoient l'inſtant précédent; ils ne ſe ſentiront pas nouvellement créés. » Il eſt donc » certain qu'ils ne peuvent former d'idées, & que par conſéquent leur conſcience d'exiſtence eſt moins ſûre & » moins étendue que la nôtre. » C'eſt-à-dire, qu'il eſt un peu douteux pour eux qu'ils exiſtent; que leur exiſtence eſt ſimplement un peu vraiſemblable pour

eux. » Car ils ne peuvent avoir » aucune idée du tems, aucune » connoissance du passé, aucune » notion de l'avenir : leur conscience d'existence est simple, » elle dépend uniquement des » sensations qui les affectent actuellement, & consiste dans le » sentiment intérieur que ces » sensations produisent. »

Voici une apparence de preuve dans une comparaison, comparaison néanmoins qui étant bien approfondie, décide contre la prétention de l'Auteur. » Ne pouvons-nous pas concevoir ce que c'est que cette » conscience d'existence dans les » Animaux, en faisant réflexion » sur l'état où nous nous trouvons, lorsque nous sommes

P. 75 & 76.

» fortement occupés d'un objet, » ou violemment agités par une » passion, qui ne nous permet de » faire aucune réflexion sur nous-» mêmes? On exprime l'idée de » cet état, en disant qu'on est » hors de soi, & l'on est en effet » hors de soi, dès que l'on n'est » occupé que des sensations ac-» tuelles. » Comparez, Monsieur, cette observation avec le sistême de l'Auteur, vous concevrez que les sensations appartenant au corps, notre ame est nulle pour nous-mêmes, lorsque nous ne réfléchissons point. Et » l'on est d'autant plus hors de » soi, que ces sensations sont » plus vives, plus rapides, & » qu'elles donnent moins de tems » à l'ame pour les considerer.

» Dans

» Dans cet état, nous nous sen-
» tons, nous sentons même le
» plaisir & la douleur dans tou-
» tes leurs nuances, nous avons
» donc alors le sentiment, la
» conscience de notre existence,
» sans que notre ame semble y
» participer. » Dans l'opinion de M. de Buffon, elle n'y participe nullement. C'est le sens intérieur machinal qui éprouve tout cela. L'ame ne se déploye que quand elle approuve ou condamne, commande ou retient ces mouvemens, comme il nous l'a dit; c'est pour cela qu'il fixe l'objet de sa comparaison, par les paroles suivantes. » Cet état où nous ne nous trouvons que par ins-
» tans, est l'état habituel des
» Animaux privés d'idées, &

» pourvûs de ſenſations ; ils ne » ſavent point qu'ils exiſtent, » mais ils le ſentent. » Préciſion particuliere à M. de Buffon.

J'y conſens, tenons-nous en à l'exemple qu'il nous propoſe. Dans cet état, nous ſentons ces nuances de plaiſir ou de douleur ſe ſucceder ; nous avons non-ſeulement notre exiſtence préſente, mais ſa durée que nous trouvons fort longue, ſi nous ſommes mal affectés ; fort courte, ſi nous le ſommes agréablement. Il n'eſt au monde que M. de Buffon qui puiſſe nier ce fait. Donc, puiſque ſelon lui, cet état paſſager pour nous, eſt l'image naïve de l'état conſtant des Animaux, il faut convenir qu'ils ont non-ſeulement la conſcience de leur existence, mais celle même de sa durée. Car il faut bien observer qu'alors notre ame étant nulle pour elle-même, comme l'esprit l'est pour les imbécilles, ainsi que nous l'enseignera l'Auteur, notre ame ne se sent point exister, c'est la machine.

Combien d'expériences déposent que si les Animaux ont la conscience de leur existence, ils ont celle du tems, du passé & du futur; & que cette conscience ne peut être celle d'un instant indivisible. Les Chiens entendent comme nous, suivant la doctrine de M. de Buffon; s'ils n'ont la conscience de l'existence que durant un instant, ils n'entendent donc jamais qu'une sillabe, ils n'entendent jamais un mot entier. Leurs noms mêmes, qui sont assez longs pour certaines especes, ne les frappent point, parce qu'en prononçant *Soliman*, la premiere sillabe ni la seconde, ne peut décider le Chien auquel on a donné ce nom, & que quand la troisiéme est articulée, il n'est frappé que de celle-là, les deux autres impressions étant passées. Mais, dira M. de Buffon, n'ai-je pas enseigné que leurs sensations étoient durables, comme les ébranlemens reçûs dans le sens intérieur, vous l'avez dit. Ainsi, que trois personnes articulent en même tems chacune des sillabes de ce mot, *Soliman*, elles causeront trois ébranlemens ensemble ; mais éprouvez si le Chien reconnoîtra ſon nom. Et ce nom-même, comment le Chien l'a-t-il lié à la conſcience de ſon exiſtence, lui qui ne peut aſſocier deux idées ?

M. de Buffon accorde aux Animaux le deſir ; mais le deſir renferme la connoiſſance d'un bien qu'on n'a pas, & ce ne peut être un méchaniſme que cette idée de privation, non plus que la volonté de l'obtenir dans l'avenir : où il n'y a point d'idée de futur, il n'y a point de deſir. Ce- P. 76.
pendant il promet, non de prouver, mais de démonter que les Animaux n'ont point d'idées, quoique ſenſibles au bonheur d'exiſter, & par conſéquent point de connoiſſance ni du paſſé ni du futur : & il ſe flatte d'y réuſſir, en

nous faiſant conſiderer en détail leurs facultés & les nôtres, & en comparant nos actions & les leurs. Rendons-nous attentifs, P. 77. la choſe le mérite bien. » Ils ont comme nous, des ſens. » Retenez bien ce mot, Monſieur, » nous en aurons beſoin ailleurs. » Et par conſéquent ils reçoivent les impreſſions des objets » extérieurs, ils ont, comme » nous, un ſens intérieur » purement matériel, » un organe » qui conſerve les ébranlemens » cauſés par ces impreſſions, & » par conſéquent ils ont des ſen» ſations, qui comme les nô» tres, peuvent ſe renouveller, » & ſont plus ou moins fortes & » plus ou moins durables. Ce» pendant ils n'ont ni l'eſprit ni

» l'entendement ni la mémoire » comme nous l'avons, parce » qu'ils n'ont pas la puissance de » comparer leurs sensations, » & que ces trois facultés dé» pendent de cette puissance. »

Il commence d'abord par leur enlever la mémoire. Il avoue que le contraire paroît démontré ; cependant il assure, que toutes les apparences de mémoire qu'elles donnent sont trompeuses. Entendons-le parler lui-même. Si je ne donnois que le précis de ses pensées, on pourroit m'accuser de vouloir tourner sa Philosophie en ridicule. Ibid.

« Chez nous, la mémoire » émane de la puissance de réflé» chir. » On lui niera d'abord P. 72.

cette propoſition : nous nous nous rappellons malgré nous une infinité de choſes que nous voudrions de tout notre cœur avoir oubliées, & auxquelles nous ne voulons pas réfléchir: » Car le ſouvenir que nous avons » des choſes paſſées, ſuppoſe » non-ſeulement la durée des » ébranlemens de notre ſens in- » térieur matériel, *c'eſt-à-dire*, le » renouvellement de nos ſenſa- » tions antérieures, mais encore » les comparaiſons que notre » ame a faites de ces ſenſations; » c'eſt-à-dire, les idées qu'elle » en a formées..... C'eſt elle qui » forme la liaiſon de nos ſenſa- » tions, & qui ourdit la trame de » nos exiſtences par un fil conte- » nu d'idées. La mémoire con-

» ſiſte

» ſiſte donc dans une ſucceſſion » d'idées, & ſuppoſe néceſſai» rement la puiſſance qui les pro» duit. »

Quel étrange boulverſement M. de Buffon ne cauſe-t-il point dans la Philoſophie! Il donne au corps ce qui appartient à l'ame, en prétendant que des ébranlemens des fibres du cerveau, ayent des ſenſations & la perception de l'exiſtence; & il don- à l'ame ce qui ne convient qu'au corps, je veux dire l'ordre des faits & des choſes dépoſées dans l'organe, occaſion de la mémoire. Il ignore donc que l'ordre de la mémoire eſt dans la machine & dans les ſignes qui ſont conſervés dans le cerveau, où ſont les archives de l'ame: que quoique l'ame uſe de ſon activité, en cherchant à ſe rappeller certaines choſes, elle eſt paſſive dans le ſuccès, c'eſt-à-dire, dans le ſouvenir : que la mémoire prodigieuſe, commune, médiocre, fautive, dépend abſolument, dans l'homme même, de la perfection ou de l'imperfection de certaines parties du cerveau; puiſque le trépan la fait perdre totalemenr, auſſi bien que d'autres accidens, comme l'imbécillité, la paraliſie, &c. L'Homme qui a le plus d'eſprit, qui ſait mettre le plus bel ordre dans ſes idées, eſt ſouvent celui qui a le moins de mémoire ; il ne pourra réciter par cœur un diſcours qu'il aura fait avec beaucoup de ſoin & de tems ; il faut que les Prédicateurs répetent plusieurs fois leurs sermons, & ils ne les savent jamais mieux, que lorsqu'ils les savent machinalement.

D'ailleurs, ce seroit contre toute vérité, que l'ame s'attribueroit l'ordre avec lequel certaines productions de l'art repassent devant elle, soit qu'elle le desire ou qu'elle ne le desire pas. Les cinq ou six premieres nottes d'un air bien composé, nous reviennent dans l'esprit, nous le chantons, si je puis parler ainsi, dans notre cerveau, tout aussi bien que nous l'avons entendu chanter à un Musicien habile. Notre ame compose-t-elle, combine-t-elle alors des tons? Elle le fait si peu, qu'il lui semble que c'est encore le Musicien qui chante, elle entend ſa voix ſonore; & ſi elle tentoit de rendre cet air au dehors en chantant, elle trouveroit que ſa voix n'eſt point celle qui chante dans ſa tête.

Il eſt donc bien étonnant que contre des expériences ſi communes & ſi univerſelles, on nous affirme que la mémoire eſt l'ordre que l'ame met entre ſes idées, & que les comparaiſons qu'elle en a formées, ourdiſſent la trame de nos exiſtences paſſées par un fil continu. Mettons quel ordre il nous plaira dans les idées que nous avons reçûes, dans celles qui nous ſont venûes, dans les faits dont nous avons été témoins; jamais cet ordre ne repréſentera ce qui s'eſt écoulé de notre vie, qu'autant que les choſes ſeront rapportées aux époques préciſes du tems auquel elles ſe ſont paſſées.

» Si la mémoire, dit notre P. 78.
» Auteur, ne conſiſtoit que dans
» le renouvellement des ſenſa-
» tions paſſées, » ou des ébranlemens des ſignes occaſions de nos ſenſations & de nos idées,
» ces ſenſations ſe repréſente-
» roient à notre ſens intérieur,
» ſans y laiſſer une impreſſion dé-
» terminée ; elles ſe préſente-
» roient ſans aucun ordre, ſans
» liaiſon entre elles, à peu près
» comme elles ſe préſentent dans
» l'ivreſſe, ou dans certains rê-
» ves où tout eſt ſi découſu, ſi
» peu ſuivi, ſi peu ordonné, que
» nous ne pouvons en conſerver

» le souvenir. » Voilà ce qu'on appelle un raisonnement qu'il n'est pas possible de réfuter, parce qu'il est inintelligible. Il est réellement très-admirable qu'une infinité de signes d'idées, soient conservés dans notre cerveau, parmi les vestiges d'une multitude prodigieuse de sensations, & qu'au milieu de cette confusion, les scénes de notre vie se renouvellent & se succédent avec ordre, quand nous voulons nous en occuper. Mais cette merveille nous annonce, qu'il est un ordre dans notre cerveau, un méchanisme fort propre à nous élever à la méditation de la sagesse de celui qui l'a construit : que nous ne pourrons jamais bien saisir cet ordre, ce méchanifme, dont nous favons très-bien que nous ne fommes point les auteurs.

M. de Buffon, Monfieur, ne vous a-t-il pas perfuadé fon paradoxe fingulier, que l'ordre que la mémoire nous fait trouver dans les événemens de notre vie, eft celui que l'ame a mis dans les idées; il s'en flatte, & fi bien, qu'il n'aura plus que quelques doutes légers à diffiper. » Mais P. 79.
» pour ne laiffer, s'il eft poffible, » aucun doute fur ce point im- » portant, voyons qu'elle eft » l'efpece de fouvenir que nous » laiffent nos fenfations, lorf- » qu'elles n'ont point été ac- » compagnées d'idées. » Il ap- P. 80.
porte pour exemple une douleur vive & paffagere. » Nous

» n'avons qu'une foible réminiſ-
» cence de la ſenſation même ;
» tandis que nous avons une mé-
» moire nette des circonſtances
» qui l'accompagnoient, & du
» tems où elle nous eſt arrivée. »
Il eſt vrai que par un trait admirable de la Providence, les occaſions du ſouvenir de nos douleurs, ne conſervent point un ton de vivacité propre à les renouveller dans notre ame, comme les images de certains objets qui nous ont vivement frappé, & que nous croyons voir encore, quand ils ſe préſentent à notre mémoire. Il eſt encore très-vrai que les objets qui nous ont peu frappé, laiſſént des empreintes foibles ſur le cerveau, & qu'elles ſe perdent bientôt ; &

que si nous n'avons pas observé avec attention un objet, son image ne sera pas gravée profondément.

D'autres phénoménes qu'il rapporte, ne sont pas plus favorables à son opinion. » Pourquoi P. 81.
» tout ce qui s'est passé dans notre
» enfance, est-il presqu'entiere-
» ment oublié ? Et pourquoi les
» vieillards ont-ils un souvenir
» plus présent de ce qui leur est
» arrivé dans le moyen âge, que
» de ce qui leur est arrivé dans
» leur vieillesse ? Y a-t-il une
» meilleure preuve ? » Il n'y en a ni de bonnes ni de mauvaises ;
» que les sensations toutes seules
» ne suffisent pas pour produire la
» mémoire. » Non, il faut dans le cerveau une disposition au re-

nouvellement des ébranlemens qui l'ont occasionnée, » & qu'el- » le n'existe en effet, que dans la » suite des idées que notre ame » peut tirer de ces sensations? Car » dans l'enfance... la puissance de » réfléchir, qui seule peut for- » mer des idées » ou plûtôt des raisonnemens, des comparaisonds d'idées, » est dans une » inaction totale.» D'où vient cette inaction ? De ce que les impressions faites sur un cerveau mol & sans consistance, sont aussitôt détruites, & ne donnent pas à l'ame le tems de se rendre attentive à son objet. Et par la même raison, il ne reste plus de traces qui puissent servir d'occasion à la mémoire; bien entendu cependant qu'il n'est question que de la premiere enfance : car dès que les enfans prononcent quelques mots, ils donnent des ſignes de mémoire, reconnoiſſent les choſes par les noms qu'on leur donne, diſtinguent très-bien le paſſé, le préſent & le futur ; & les tems mêmes des verbes qui ſuppoſent plus de préciſion dans l'eſprit, quoiqu'ils ne ſachent pas ce que c'eſt que conjuguer ; retiennent les contes qu'on leur fait, les regles des petits jeux qu'on leur apprend, &c. Plus avancés, quelques uns donnent des preuves d'une mémoire prodigieuſe, longtemps avant qu'ils ayent la faculté de comparer au dégré le plus commun.

» Dans l'âge mûr, reprend P. 82.

» M. de Buffon, où la raiſon eſt » entierement développée, par- » ce que la puiſſance de réfléchir » eſt en entier exercice, nous ti- » rons de nos ſenſations tout le » fruit qu'elles peuvent produire, » & nous nous formons pluſieurs » ordres d'idées & pluſieurs chaî- » nes de penſées, dont chacune » fait une trace durable. » Où? Dans le cerveau apparemment. Car, quelqu'heureuſes qu'ayent été des idées que nous ayons eu, dans quelque ordre que nous les ayons combinées; s'il ne reſte pas une chaîne de ſignes dans le cerveau, où nous ayions l'occa- ſion de retrouver le fil de ces mê- mes idées, elles ſont perdues pour nous. » Nous repaſſons ſi » ſouvent ſur cette trace durable,

» qu'elle devient profonde, ineffaçable, & que plusieurs années après, dans le tems de notre vieillesse, ces mêmes idées se présentent avec plus de force, que celle que nous pouvons tirer immédiatement des sensations actuelles ; parce qu'alors ces sensations sont foibles, lentes, émoussées, & qu'à cet âge, l'ame même participe à la langueur du corps. » Et voilà la bonne & la véritable raison, & qui ne tient point du tout au pouvoir de comparer les sensations. Dans l'âge viril, aux chaînes d'idées que nous avons méditées, répondoient des chaînes de signes, occasions de ces idées : le cerveau étoit alors capable de les recevoir. Dans la vieillesse, le cerveau comme ossifié, se refuse à ces empreintes; le magasin de la mémoire ne reçoit plus rien.

Le troisiéme exemple dont M. de Buffon cherche à se prévaloir, & qui ne lui est pas plus favorable que les deux autres, est l'état d'imbécillité. Mais en nous le proposant, il ajoute de nouveaux traits à son systême, fort propres à le caractériser.

P. 83. » Un imbécille, dont les sens & » les organes corporels, nous pa» roissent sains & bien disposés, » a comme nous des sensations de » toutes espéces; il les aura aussi » dans le même ordre, s'il vit en » société, & qu'on l'oblige à faire » ce que font les autres hommes; » cependant, comme ces sensa-

» tions ne lui font point naître » d'idées ; » où en est la preuve? » *Qu'il n'y a point de correspondan- » ce entre son ame & son corps.* » Ne perdez point ce mot, il est lié au sistême de M. de Buffon. » Et qu'il ne peut réfléchir » sur rien, il est en conséquence » privé de la mémoire, & *de la » connoissance de soi-même.* Cet » Homme ne differe en rien de » l'Animal, quant aux facultés » extérieures ; car, quoiqu'il ait » une ame, & que par conséquent » il possede en lui le principe de » la raison ; comme ce principe » demeure dans l'inaction, *& » qu'il ne reçoit rien des organes » corporels, avec lesquels il n'a au- » cune correspondance*, il ne peut » influer sur les actions de cet

» homme, qui dès-lors, ne peut » agir que comme un animal » uniquement déterminé par ses » sensations, & par le sentiment » de son existence actuelle, & de » ses besoins présens. » L'ame de l'imbécille, n'est, comme vous voyez, Monsieur, ni active ni passive dans cet étrange sistême. » Ainsi, l'Homme imbécille & » l'Animal, sont des Estres, dont » les résultats & les opérations » son tles mêmes à tous égards, » parce que l'un n'a point d'ame, » & que l'autre ne s'en sert point. » Tous deux manquent de la » puissance de réfléchir, & n'ont » par conséquent ni entendement » ni esprit, ni mémoire; mais » tous deux ont des sensations du » sentiment & du mouvement. «

J'aurai

J'aurai occasion de vous parler ailleurs, Monsieur, de l'inertie parfaite à laquelle M. de Buffon réduit l'ame de l'imbécille. Mais j'observerai qu'il n'est tel, que par le dérangement de son cerveau, qui l'empêche non pas d'avoir des idées, mais de les lier ensemble, de raisonner. Car il parle cet imbécille, il parle de passé, de présent & de futur. On lui dira de revenir à une heure marquée, pour diner, il y viendra; on lui dira que son potage est trop chaud, qu'il faut qu'il attende, il attendra. On l'accusera d'avoir fait quelque chose, il le niera & mentira quelque fois, &c. M. de Buffon affirme toujours au lieu de prouver, , c'est sa méthode, n'en exigez pas plus de lui. Il ne veut pas que les Animaux ayent de la mémoire, parce qu'il veut que la mémoire ſoit l'action de l'ame par laquelle elle met de l'ordre dans les idées, & ſe les rappelle, & qu'il ne veut pas que les Animaux ayent des ames ; c'eſt ſon ſiſtême, auquel il faut, bon gré mal gré,, qu'il ramene tout le regne animal. Tels ſont tous les faiſeurs de ſiſtêmes, ils donnent des leçons à la Nature, au lieu d'en recevoir d'elle. Tous les démentis que M. de Buffon donne à l'expérience, il les appelle des démonſtrations.

P. 84. » Cependant me répetera-t-on » toujours, l'Homme imbécille » & l'Animal n'agiſſent-ils pas » ſouvent, comme s'ils étoient

» déterminés par les choses passées ? Ne reconnoissent-ils pas les personnes avec lesquelles ils ont vêcu, les lieux qu'ils ont habité ? &c. Ces actions ne supposent-elles pas nécessairement la mémoire ? Et cela ne prouveroit-il pas au contraire, qu'elle n'émane point de la puissance de réfléchir. ? »

Il se tire de l'objection par la distinction de l'école. Mémoire, Non, Réminiscence, je l'accorde. Mais laissons-le parler lui-même. » Si l'on a donné p. 85.
» quelque attention à ce que je viens de dire, on aura déja senti que je distingue deux especes de mémoires infiniment différentes l'une de l'autre par leur cause, & qui peuvent cepen-

» dant ſe reſſembler en quelque
» ſorte par leurs effets ; la pre-
» miere eſt la trace de nos idées,
» & la ſeconde, que j'appelle-
» rois volontiers réminiſcence,
» plûtôt que mémoire, n'eſt que
» le renouvellement de nos ſen-
» ſations, ou plûtôt les ébranle-
» mens qui les ont cauſées. » Cela veut dire, dans mon ſiſtême, les traits de mémoire que vous appercevez de la part des imbécilles & des animaux, ne ſont point une reconnoiſſance dans l'ame ſpirituelle, des ſenſations qu'elle a éprouvées : car ſelon moi, l'ame de l'imbécille n'a point de ſenſations ; & les bêtes n'ont point d'ames. Mais c'eſt le même jeu méchanique de l'organe intérieur, renouvellé par

un principe intérieur à la machine, & non pas aucune impulsion nouvelle de la part des objets exterieurs, (& ce jeu méchanique ne se sent point renouvellé, parce qu'il ne se souvient pas d'avoir existé.) Et cela, je l'appellerois volontiers réminiscence. L'objection n'est-elle pas heureusement résolue?

Il développe cette réponse. » » Leurs sensations antérieurs » sont renouvellées par les sensations actuelles, elles se réveillent avec toutes les circonstances qui les accompagnoient; » l'image principale & présente, » appelle les images anciennes » & accessoires; ils sentent comme ils ont senti, ils agissent » donc comme ils ont agi; ils Ibid.

» voyeut enſemble *le préſent & le* » *paſſé*, mais ſans les diſtinguer, » ſans les comparer, & par con- » ſéquent ſans les connoître. » Et voilà la réminiſcence. Des ſenſations intérieures ſont renouvellées dans l'imbécille ou dans l'animal; mais elles ne ſont point ſenties comme renouvellées; les circonſtances ſont réveillées avec les autres images; mais ce réveil n'eſt point apperçû. L'un & l'autre voyent enſemble le préſent & le paſſé, mais ſans les diſtinguer. Qu'en conclure? Que ce n'eſt ni mémoire ni réminiſcence; que rien n'eſt, pour ces eſpeces d'Eſtres, ni nouveau ni ancien: qu'un Chien auquel on préſente un bâton, ſent les coups qu'on lui a donnés la veille, & cent autres choſes auſſi ingénieuſes dans ce genre-là.

M. de Buffon ſe propoſe une ſeconde objection, qui n'eſt, dit-il, qu'une conſéquence de la premiere, & qui pourtant eſt d'une toute autre eſpece ; parce qu'il s'agit d'un état que nous éprouvons régulierement pluſieurs heures de ſuite par jour, dont chacun peut ſe rappeller bien des circonſtances, au lieu qu'on ne ſait pas par une expérience perſonnelle, ce qui ſe paſſe dans la tête des imbécilles. Voici cette objection. « Il eſt p. 76.
» certain que les Animaux ſe re-
» préſentent dans le ſommeil, les
» choſes dont ils ont été occupés
» pendant la veille ; les Chiens

» jappent souvent en dormant, » & quoique cet aboyement soit » sourd & foible, on y reconnoît » cependant la voix de la chasse, » les accens de la colere, les sons » du desir, ou du murmure, &c. » On ne peut donc pas douter » qu'ils n'ayent, des choses pas- » sées, un souvenir très vif, très » actif & différent de celui dont » nous venons de parler; puis- » qu'il se renouvelle indépen- » damment d'aucune cause exté- » rieure, qui puisse y être relati- » ve. »

L'objection est assez bien présentée, & est d'autant plus importante, qu'elle a trait, comme je viens de dire, à une espece d'imbécillité périodique pour nous, où par conséquent, dans les

les principes de M. de Buffon, notre ame n'eſt ni active ni paſſive. On voit bien que c'eſt du ſommeil dont je parle. Il répond toujours à ſa maniere, c'eſt-à-dire, en expliquant les phénoménes par ſon ſiſtême. Mais il fait plus encore, il nie tout ce qui l'embarraſſe, quoiqu'il s'agiſſe de faits dont tout le monde rendra un témoignage uniforme. » Pour éclaircir cette difficulté, Ibid. » & y répondre d'une maniere » ſatisfaiſante, il faut examiner » la nature de nos rêves, & cher- » cher s'ils viennent de notre » ame, ou s'ils dépendent ſeu- » ment de notre ſens intérieur » matériel. » Il n'y a point de queſtion à faire, tout le monde conviendra que nos rêves ſont dûs au jeu méchaniqne de l'organe qui répond à la mémoire, & à l'imagination. » Si nous » pouvions prouver qu'ils y résident en entier, ce seroit non » seulement une réponse à l'ob» jection, mais une nouvelle dé» monstration. » Où sont les autres, » contre l'entendement » & la mémoire des Animaux? » sans doute, si ce n'étoit pas l'ame qui vît alors des objets fantastiques, qui entendît, &c. Ce seroient les signes de la mémoire & de l'imagination qui seroient vûs par la partie du cerveau où ils seroient tracés ; & comme ce sont des modifications de cette même partie, & qu'elle est purement matérielle, elle ne peut se rappeller ses modifications pasſées, ſi elle n'eſt affectée que par ſes modifications actuelles. Il ſeroit donc prouvé que les Animaux n'ont point de mémoire, mais ne le ſeroit-il pas auſſi qu'ils n'ont point de réminiſcence?

Il n'eſt pas néceſſaire que je vous faſſe obſerver, Monſieur, qu'il ne s'agit pas de ſavoir ſi les phantômes de nos ſonges ſont dans l'ame, ou dans l'organe de la mémoire & de l'imagination; mais ſi la perception de ces phantômes appartient à la machine? Or, M. de Buffon brouille ces deux choſes ſi diſparates. Vous allez en être convaincu, en liſant ſa prétendue ſolution. » Les P. 87.
» imbécilles, dont l'ame eſt ſans
» action, rêvent comme les au-
» tres hommes; il ſe produit

» donc des rêves, » c'eſt-à-dire, des phantômes dans le cerveau » indépendamment de l'a» me, puiſque dans les imbé» cilles, l'ame ne produit rien ; » mais elle voit paſſivement des objets à l'occaſion des phantômes : » les Animaux qui n'ont » point d'ame, peuvent donc rê» ver auſſi ? » Oui, les ſignes des phantômes peuvent être dans leur cerveau, mais non la perception P. 87. de ces phantômes. » Et non-ſeu» lement il ſe produit des rêves » indépendamment de l'ame ; » mais je ſerois fort porté à croire » que tous les rêves en ſont in» dépendans. » Ici (& c'eſt ce que vous admirerez en paſſant) il eſt porté à penſer comme le reſte des hommes. » Je demande

» ſeulement que chacun réflé-
» chiſſe ſur ſes rêves, & tâche à
» reconnoître pourquoi les par-
» ties en ſont ſi mal liées, & les
» événemens ſi biſarres? » C'eſt que l'ame n'ayant plus d'inſpection ſur la machine, les mouvemens des eſprits ſont caſuels, & renouvellent telle ou telle image. » Il m'a paru que
» c'étoit principalement, parce-
» qu'ils ne roulent que ſur des
» ſenſations, & point du tout ſur
» des idées. L'idée du tems,
» par exemple, n'y entre jamais. » Ceci heurte de front l'expérience. » On ſe repréſente bien
» les perſonnes que l'on n'a pas
» vûes. » Cela ſeroit merveilleux; il veut dire des images d'hommes qui ne reſſemblent à

p. 88. aucun de ceux qu'on a vû ; » & » même celles qui ſont mortes » depuis pluſieurs années, on » les voit vivantes & telles qu'el- » les étoient ; » & on les recon- noît. » Mais on les joint à des » choſes actuelles & aux perſon- » nes préſentes, » c'eſt-à-dire, qui vivent encore, & que l'on reconnoît auſſi. » Ou à des » choſes & des perſonnes d'un » autre tems. Il en eſt de même » de l'idée du lieu, on ne voit » pas les choſes où elles étoient, » on les voit ailleurs, où elles » ne pouvoient être. » Mais on les voit quelque part. La ſcêne eſt ou une chambre, ou une campagne, ou une Egliſe, où toutes ces choſes pourroient être. On a donc l'idée du lieu ;

& l'on compare les choſes au lieu où elles ſont.

» Si l'ame agiſſoit, il ne lui » faudroit qu'un inſtant pour » mettre de l'ordre dans cette » ſuite découſuë. » Il n'arrive que trop ſouvent que certains Hommes bien éveillés & très-libres, penſent, écrivent même comme les autres rêvent; leur ame peu attentive à l'ordre, laiſſe aller le cerveau comme il iroit durant la nuit. Monſieur de Buffon décrit très-bien une ſituation paſſagere pour nous, & habituelle pour ceux dont je parle: & ſa Deſcription eſt très-propre à nous expliquer comment certains eſprits prennent pour des méditations, des rêves de la veille. Ce morceau eſt

précieux, non-seulement par l'usage que je viens d'indiquer, mais parce qu'il nous dévoile une partie très-délicate du systême de l'Auteur, en nous apprenant que l'ame de l'Homme, même dans la veille & sans imbécillité, se trouve dans une pleine inertie, & devient com-
P. 92, 93 & 94. me nulle. » Il n'est pas même » nécessaire que les sens extérieurs soient absolument assoupis, pour que le sens intérieur » matériel puisse agir de son propre mouvement, il suffit qu'ils » soient sans exercice. Dans » l'habitude où nous sommes de » nous livrer régulierement à un » repos anticipé, on ne s'endort » pas toujours aisément; le » corps & les membres molle-

» ment étendus ſont ſans mou-
» vement ; les yeux doublement
» voilés par la paupiere & les
» ténébres, ne peuvent s'exer-
» cer ; la tranquillité du lieu &
» le ſilence de la nuit, rendent
» l'oreille inutile ; les autres ſens
» ſont également inactifs ; tout
» eſt en repos, & rien n'eſt en-
« core aſſoupi ; dans cet état,
» lorſqu'on ne s'occupe pas d'i-
» dées, & que *l'ame eſt auſſi dans*
» *l'inaction*, l'empire appartient
» au ſens intérieur matériel ; il
» eſt alors *la ſeule puiſſance qui*
» *agiſſe*. C'eſt là le tems des ima-
» ges chimériques, des ombres
» voltigeantes ; on veille, & ce-
» pendant on éprouve les effets
» du ſommeil : ſi l'on eſt en plei-
» ne ſanté, c'eſt une ſuite d'i-

» mages agréables, d'illuſions
» charmantes ; mais pour peu
» que le corps ſoit ſouffrant ou
» affaiſſé, les tableaux ſont bien
» différens, on voit des figures
» grimaçantes, des viſages de
» vieilles, des phantômes hi-
» deux qui ſemblent s'adreſſer à
» nous avec autant de bizarrerie
» que de rapidité ; c'eſt la Lan-
» terne magique, c'eſt une ſcêne
» de chimères qui rempliſſent le
» cerveau vuide alors de toute
» ſenſation. » Quoi donc ! ces phantômes, ne ſont-ce pas, dans ſon ſyſtême, des ébranlemens renouvellés ou reproduits dans les fibres du cerveau ? N'inſiſtons point ſur cette prétendue inaction de l'ame, qui ne laiſſe pas de ſe rendre très-

ſouvent coupable en s'amuſant trop de ces ſcênes, que les paſſions, dont elle eſt épriſe, jouent quelquefois devant elle. Supposons qu'elle eſt effectivement alors dans la pure inertie, & que c'eſt la méchanique du cerveau qui eſt en même tems actrice & ſpectatrice : au moins cet organe intérieur matériel, qui, ſelon Monſieur de Buffon, ſent ſon exiſtence, voit cette ſuire d'images agréables ou fatigantes ; il les voit ſe ſuccéder ; il a donc l'idée du paſſé & de l'ordre des événemens. Les actes & les ſcênes de la petite Comédie ou de la Tragédie, ſe trouvent conſignés, ſelon leur ſuite, dans ce même organe intérieur, & la mémoire les retrouvera quand l'ame voudra y réfléchir.

Il en arrive de même dans nos ſonges ; notre ame s'en rappelle le commencement, le milieu & la fin, & tous les événemens intermédiaires. Ce n'eſt pas elle qui ordonne cette ſuite, elle veut ſe la repréſenter telle qu'elétoit ; & ſouvent elle ſe fatigue extrêmement pour en retrouver quelque partie échappée. N'eſt-ce pas là ce que l'expérience nous apprend à tous ? Ce n'eſt pas celle de notre Auteur, car il rêve ſingulierement. En voulez-vous, Monſieur, une nou-
p. 89. velle preuve. » Dans les rêves on » voit beaucoup, on entend rare- » ment, on ne raiſonne point, on » ſent vivement, les images ſe » ſuivent. » Et l'on en ſent la ſuite. » Les ſenſations ſe ſuc-

» cedent, » & l'on connoît cette ſucceſſion. Vraiſemblablement dans les ſonges de M. de Buffon, les perſonnages ſont muets ; & il ne lui arrive jamais dans cet état d'être interrogé & de répondre. J'ai bien entendu raconter des ſonges, car le nombre de ceux qui aiment à occuper les autres de leurs rêveries, n'eſt pas petit ; l'on y mêle ſouvent des récits de converſations. Souvent ce ſont des raiſonnemens extravagans ; mais enfin on ſe les rappelle tout entiers. Il n'eſt pas vrai non plus qu'on ne raiſonne jamais dans les rêves, plus d'une perſonne y a trouvé des ſolutions qu'elle cherchoit depuis longtems, & ſi je puis me citer, cela m'eſt arrivé à moi-même. Enfin, ſoit qu'on ait raiſonné ou déraiſonné, il eſt conſtant qu'on ſe rappelle la ſucceſſion de ſon être, pendant tout le tems qu'on a rêvé, & que c'eſt la raiſon pour laquelle on ne croit avoir dormi que quelques heures, quand le ſommeil étoit profond : quoiqu'on ait bien employé toute la nuit, on eſt ſurpris de voir le jour ; & l'on n'eſt point dans le même étonnement, lorſqu'on a été occupé d'un long rêve ſuivi, ou de pluſieurs ſonges diſparates qui ſe ſont ſuccedé.

C'eſt encore très gratuitement que M. de Buffon nous ſoutient qu'on n'a point d'idées pendant le ſommeil. Celles dont on a été fort occupé durant le jour, ſe réveillent pendant que l'on dort. On a les idées de pere, de mere, de frere, d'amis, de devoirs, de fautes. On ſe croit prévenu d'un crime, & on ſe déſabuſe avec plaiſir à ſon réveil; on eſt emporté par différentes paſſions, on arrange des moyens pour arriver à un but ſouvent inſenſé, quelque fois raiſonnable. Peut-on nier qu'alors l'ame n'ait la perception de quelques idées? Dormai-je, dit-on quelquefois? Non, je veille. On a donc alors idée de ſommeil & de veille, d'affirmation & de négation. On combine mal ces idées, mais on ſe ſouvient de les avoir eû. On diſtingue les diſcours qu'on a entendus de ceux qu'on a proferé ſoi-même; on s'attribue les derniers, & l'on donne les autres aux perſonnages qu'on a vûs.

M. de Buffon ſe débarraſſe très-mal des phénoménes étonnans des ſomnambules, & de ceux qui répondent aux queſtions qu'on leur fait pendant
p. 90. qu'ils dorment. » Quand même » on voudroit ſoutenir qu'il y a » quelquefois des rêves d'idées, » quand on citeroit pour le prouver les ſomnambules, les gens » qui parlent en dormant & diſent des choſes ſuivies, qui répondent à des queſtions, &c. » & que l'on en infereroit que les » idées ne ſont pas exclues des » rêves, du moins auſſi abſolument que je le prétens, il me » ſuffiroit pour ce que j'avois à » prouver, que le renouvellement des ſenſations puiſſe les » produire.

» produire. » Les idées ou les
» rêves, » l'équivoque est ici importante, » car dès-lors les Ani-
» maux n'auront que des rêves
» de cette espece ; & ces rêves,
» bien loin de supposer la mé-
» moire, n'indiquent au con-
» traire que la réminiscence. »
Conséquence peu juste, car, suivant M. de Buffon, l'homme p. 91.
qui rêve est plus stupide que l'imbécille qui dispose de tous ses sens, & jouit du sentiment dans toute son étendue. Or, dans l'imbécille l'ame est comme nulle ; elle n'est ni active ni passive, selon M. de Buffon ; elle est dans le même état de pleine inertie durant le sommeil. Or, si la machine seule forme, ou se représente des idées, si elle connoît

le passé & le présent ; donc conclurons-nous, les bêtes peuvent avoir le même avantage, & plût à Dieu que les Metérialistes ne poussent pas la conséquence au de-là !

Vous ignorez peut-être, Monsieur, la différence qu'il y a entre nos rêves & ceux des Animaux ; M. de Buffon va vous

p. 94. & 95. l'apprendre. » C'est que nous » distinguons parfaitement ce » qui appartient à nos rêves, de » ce qui appartient à nos idées & » à nos sensations réelles ; & ce» ci est une comparaison, une » opération de la mémoire, dans » laquelle entre l'idée du tems. » De quel tems ? Du présent apparemment ; car la durée du songe étant nulle pour l'ame, comme le ſoutient M. de Buffon, l'ame n'en a aucune idée. » Les Animaux au contraire, qui ſont » privés de la mémoire, & de » cette puiſſance de comparer les » tems, ne peuvent diſtinguer » leurs rêves de leurs ſenſations » réelles ; & l'on peut dire que » ce qu'ils ont rêvé, leur eſt effectivement arrivé. » Il vaudroit autant dire que l'Animal eſt un végétal qui dort toujours, qui rêve ſouvent & qui eſt ſouvent ſomnambule, & l'on rectifieroit la définition qu'on a donnée du végétal, en diſant que c'eſt un Animal qui dort toujours & qui ne rêve jamais.

J'ajouterai encore un mot, pour prouver que les Animaux ont l'idée de ſucceſſion, & par conséquent de tems, supposé qu'ils ayent des sensations comme nous. Car dans cette hypotèse de sensibilité de leur part, ils verront, comme nous, des corps en mouvement; un Chien verra la course du Lievre, & le verra parcourir successivement une certaine ligne. Si le Chien n'a la sensation de la vûe du Liévre, que dans le moment que remplit un coup d'œil, s'il n'a point de souvenir du lieu où le Liévre étoit l'instant précédent, donc il ne voit pas de mouvement dans le Liévre, il le voit toujours en repos, puisqu'il ne compare jamais le lieu actuel de sa proye à celui qu'elle vient d'abandonner.

Réunissez, Monsieur, toutes

les preuves prétendues que M. de Buffon a entaſſées pour établir que l'animal par ſon organe intérieur matériel, ſent ſon exiſtence actuelle, & non ſon exiſtence paſſée, & vous conviendrez qu'à moins que le ton aſſuré, ne vaille de la part de M. de Buffon, une démonſtration, vous n'aurez trouvé ſon opinion appuyée ſur aucune vraiſemblance. Vous aurez auſſi obſervé que ce n'eſt qu'en altérant ou en combattant les expériences les plus reconnues, qu'il pouvoit ſéduire tant de Lecteurs; ſéduction à laquelle on ne peut être expoſé pour peu qu'on s'étudie ſoi-même. Qu'enfin tout ce que nous avons vû juſqu'à préſent, n'eſt qu'un tiſſu de paradoxes.

C'eſt encore en partant de cette ſuite de paradoxes, que M. de Buffon va nous donner des lumieres três nouvelles ſur la nature de l'homme. Il eſt temps de prendre haleine, & de vous renouveller les ſentimens tendres & reſpectueux avec leſquels je ſuis, &c.

Fin de la ſixiéme Partie.

Fautes à corriger dans la sixième Partie.

Page 50. Tous les autres animaux, *lisez* la séparation de la terre & de l'eau.

53. *ligne* 9. l'objet, *lis.* l'objet. »
ligne 10. *effacez les guillemets.*

77. *ligne* 15. non le rapport de l'empreinte, *lis.* non de l'empreinte.

86. *ligne derniere*, d'Estres, *lisez* de modes.

92. *ligne* 11. pour les sens, *lis.* pour les sons.

188. *lig.* 15. intérieur, vous, *lisez* intérieur. Vous

192. *ligne* 21. conte, *lis.* conti-

204. *ligne* 13. été des idées que nous ayons eu, *lis.* été les idées que nous avons eues.

www.ingramcontent.com/pod-product-compliance
Ingram Content Group UK Ltd.
Pitfield, Milton Keynes, MK11 3LW, UK
UKHW020547180726
13838UKWH00001B/87